生命进化史

从陆地到天空 ②

王章俊 著

重庆出版集团 重庆出版社

图书在版编目（CIP）数据

生命进化史 . 2, 从陆地到天空 / 王章俊著 . —
重庆：重庆出版社 , 2020.5
ISBN 978-7-229-14513-2

Ⅰ. ①生… Ⅱ. ①王… Ⅲ. ①生物—进化—普及读物
②人类进化—普及读物 Ⅳ. ① Q11-49 ② Q981.1-49

中国版本图书馆 CIP 数据核字 (2019) 第 224230 号

生命进化史2：从陆地到天空

SHENGMING JINHUA SHI 2：CONG LUDI DAO TIANKONG

王章俊　著

策　　划：华章同人
出版监制：徐宪江
责任编辑：徐宪江　李　翔
责任印制：杨　宁
营销编辑：史青苗　刘晓艳
装帧设计：今亮后声HOPESOUND · 小九

重庆出版集团
重庆出版社　出版

（重庆市南岸区南滨路162号1幢）

投稿邮箱：bjhztr@vip.163.com

三河市嘉科万达彩色印刷有限公司　印刷
重庆出版集团图书发行有限公司　发行
邮购电话：010-85869375/76/78转810

重庆出版社天猫旗舰店
cqcbs.tmall.com　全国新华书店经销

开本：889mm×1194mm　1/16　印张：13.5　字数：207千
2020年5月第1版　2021年12月第3次印刷
定价：99.00元

如有印装质量问题，请致电023-61520678

目录
contents

第九章 真爬行动物时代

石炭纪雨林崩溃事件
羊膜卵

▶ 第四次生物大灭绝事件：拉开了恐龙进化的序幕

脊椎动物颌骨的演化

楯齿龙目
幻龙目
海龙目

▶ 第五次生物大灭绝事件：拉开了恐龙繁盛的序幕

第五次生物大灭绝事件与地球板块运动
地球面貌的演变

第十章　恐龙时代

第十一章　鸟类时代

▶ 第六次生物大灭绝事件：拉开了现生鸟类进化的序幕

第九章

真爬行动物时代

爬行动物（真爬行动物）

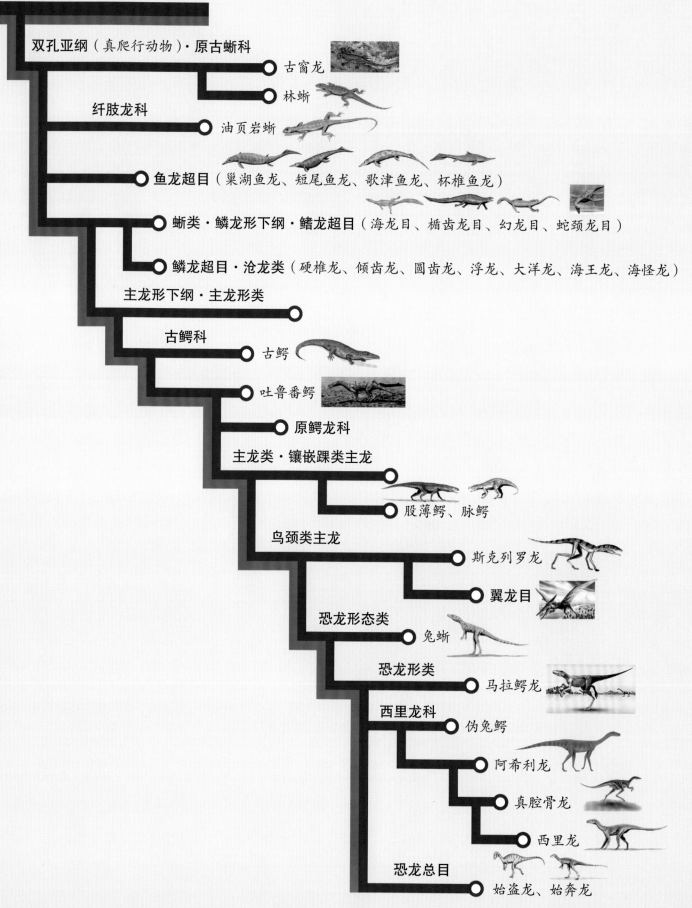

双孔亚纲（真爬行动物）·原古蜥科

○ 古窗龙

○ 林蜥

纤肢龙科

○ 油页岩蜥

○ 鱼龙超目（巢湖鱼龙、短尾鱼龙、歌津鱼龙、杯椎鱼龙）

○ 蜥类·鳞龙形下纲·鳍龙超目（海龙目、楯齿龙目、幻龙目、蛇颈龙目）

○ 鳞龙超目·沧龙类（硬椎龙、倾齿龙、圆齿龙、浮龙、大洋龙、海王龙、海怪龙）

主龙形下纲·主龙形类

○

古鳄科

○ 古鳄

○ 吐鲁番鳄

○ 原鳄龙科

主龙类·镶嵌踝类主龙

○

○ 股薄鳄、脉鳄

鸟颈类主龙

○ 斯克列罗龙

○ 翼龙目

恐龙形态类

○ 兔蜥

恐龙形类

○ 马拉鳄龙

西里龙科

○ 伪兔鳄

○ 阿希利龙

○ 真腔骨龙

○ 西里龙

恐龙总目

○ 始盗龙、始奔龙

　　3.72 亿年前，第三次生物大灭绝事件之后，典型的肉鳍鱼进化出了两栖类，如鱼石螈。约 4600 万年之后，石炭纪晚期，具有与史前两栖动物和爬行动物相似特征的原水蝎螈，可能演化出爬行动物。爬行动物分三大类，真爬行动物（双孔亚纲）、似哺乳类爬行动物（单孔亚纲）和副爬行动物（无孔亚纲）。

　　大约在 3.07 亿年前，地球气候逐渐从温暖潮湿变得干冷，即石炭纪晚期大冰期。寒冷干燥的气候不适合蕨类热带雨林的生长，森林消失了，只留下彼此隔离、低矮的树蕨类丛林，沦为生态孤岛，这被称为"石炭纪雨林崩溃事件"。这一雨林崩溃事件大约使一半的大型节肢动物、两栖动物遭受灭顶之灾，而刚刚崭露头角的爬行动物凭借其进化上的优势，更加

石炭纪生态复原图

晚石炭世生态复原图

适应了陆地生活，而幸免于难，在二叠纪至三叠纪时代，呈蓬勃多样化发展，并且先后成为地球上的优势物种。

　　从石炭纪末期，上述三大类爬行动物各自走上了不同的演化道路，其中真爬行动物与似哺乳类爬行动物在进化道路上意义最为特殊，这也是本书论述的重点，本书划分出真爬行动物时代（中部）和似哺乳类爬行动物时代（下部），并分别论述。真爬行动物后来又演化出会游泳的爬行动物（包括鱼龙类、蛇颈龙类和沧龙类），以及可以跑动的主龙类（鸟颈类主龙和镶嵌踝类主龙），鸟颈类主龙是翼龙类、恐龙及鸟类的祖先，镶嵌踝类主龙是鳄类的祖先；似哺乳类爬行动物演化出各式各样的哺乳动物，以及我们人类。

石炭纪雨林崩溃事件

　　自泥盆纪末期第三次生物大灭绝事件之后，进入石炭纪（3.65 亿—2.99 亿年前），气候变得温暖潮湿，沼泽遍布，喜欢潮湿的蕨类植物，如楔叶类、石松类、真蕨类、种子蕨类等开始繁盛，其中鳞木和科达类等，高达 30 ～ 50 米，可谓古木参天。繁茂高大的树木，在光合作用下，制造了大量的氧气，此时大气中的氧含量高达 35%。石炭纪蕨类植物的繁盛为后来巨厚煤层的形成奠定了基础，所以这一时期被命名为"石炭纪"。

生活在石炭纪的巨脉蜻蜓、蜉蝣等第一批飞行昆虫，以及体形巨大的蜘蛛、普摩诺蝎和节胸马陆

节胸马陆

石炭纪巨型昆虫（节胸马陆 0.9 米，也叫千足虫，普摩诺蝎 0.7 米，巨脉蜻蜓 0.35 米，蜈蚣近 2.6 米）十分繁盛，故又被称作"巨虫时代"。

两栖动物自泥盆纪末期以来，在石炭纪更是大行其道，有 3 米长重达 100 千克的引螈，模样更像大蜥蜴，体表披着细小的鳞片，宽而扁的大嘴巴里长满利齿，习性犹如今天的鳄鱼，常常捕食小型的爬行动物。在约 3.07 亿年的前晚石炭世，地球进入了第四次大冰期，脊椎动物在进化史上实现了第四次巨大飞跃，爬行动物开始在地球上登台亮相，它们彻底摆脱了对水的依赖。爬行动物的卵包着一层坚硬的卵壳，卵内还有一层"羊膜"包裹着胚胎，称"羊膜卵"，就像鸡蛋一样，可以避免胚胎脱水或受到损伤。后来由真爬行动物演化出的恐龙、鸟类，都以产蛋来繁衍后代。

在石炭纪的森林角落里，还游荡着一些行动敏捷的小型动物，它们是最早的爬行动物，有发现于加拿大的林蜥、油页岩蜥和始祖单弓兽等。

"石炭纪雨林崩溃事件"使大型节肢动物、两栖类动物遭受重创，约一半的物种消失，而新生的爬行动物凭其生存繁衍的优势，成功躲过了这次大冰期，在 2.99 亿—2 亿年前大显身手，呈爆发式多样化增长，成了陆地上的主宰者。

正在捕食昆虫的林蜥

强悍的引螈正在捕食弱小的林蜥

羊膜卵

动物产羊膜卵是脊椎动物进化史上的第四次巨大飞跃，也是动物繁殖方式的一次革命性进步，从此拉开了真爬行动物时代的序幕。真爬行动物通过产蛋的方式在陆地上繁衍后代，最早的最具由代表性的真爬行动物是生活在森林深处的林蜥。林蜥因个体较小，常成为大型两栖动物的猎物。真爬行动物繁衍方式的革命性进化，促进了真爬行动物的繁衍生息，由此，真爬行动物不断发展壮大，并最终称霸陆地，地球生命史迎来了恐龙时代。

羊膜卵孵化后，小蜥蜴破壳而出

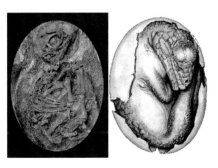

1.9亿年前恐龙胚胎化石及复原图

🪐 9.1
最原始的真爬行动物

在 3.07 亿年前，即石炭纪末期大冰期之后，真爬行动物开始登上历史舞台，它们体形纤细娇小，体长 20 ~ 40 厘米，牙齿小而锐利，主要以昆虫为食。著名的有古窗龙、林蜥、油页岩蜥等，它们可称得上是真爬行动物的祖先。

在 2.51 亿年前第四次生物大灭绝事件之后，主龙类爬行动物，如加斯马吐龙、古鳄、引鳄、吐鲁番鳄等开始称霸三叠纪，其中鸟颈类主龙是恐龙、翼龙目及鸟类的祖先；镶嵌踝类主龙，如股薄鳄、派克鳄、鸟鳄、凿齿鳄、狂齿鳄、四川鳄等是现今鳄鱼的祖先。

在真爬行动物时代，在天空中出现了较为原始的会飞行的真双齿翼龙、沛温翼龙、蓓天翼龙等翼龙类爬行动物；在水中有了会游泳的鱼龙类、幻龙类、楯齿龙类，以及海龙类等早期水生爬行动物。

在陆地上，真爬行动物恐龙形态类爬行动物有伪兔鳄、兔蜥、阿希利龙和西里龙等。

鸟颈类主龙在今天的南美洲进化出最早的恐龙——始盗龙和皮萨诺龙。可以说，南美洲是恐龙的发源地，小型的、两足猎食的鸟颈类主龙，如始盗龙等，是所有恐龙的共同祖先。

古窗龙复原图（Conty）

古窗龙，又名古单弓兽，属真爬行动物，小型灵活，身长约 30 厘米。外表类似蜥蜴。生活于石炭纪晚期，3.12 亿—3.04 亿年前，化石发现于加拿大新斯科舍，是已知最古老的爬行动物之一。古窗龙有锐利的牙齿与大眼睛，可以夜间猎食。它们可能以昆虫及小型动物为食。古窗龙仍然拥有某些原始特征，类似于四足类动物。

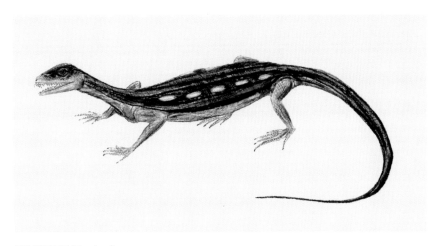

纤肢龙复原图（Smokey）

纤肢龙，属真爬行动物纤肢龙科，生活于二叠纪晚期，化石发现于美国。纤肢龙的身长大约 60 厘米，外形类似现代蜥蜴，它与油页岩蜥是近亲。

莱氏林蜥复原图（Nobu Tamura）

林蜥，属真爬行动物，是已知最早期的爬行动物之一，生活于 3.15 亿年前的石炭纪晚期。化石发现于加拿大新斯科舍，在同一地点还发现了原始盘龙目的始祖单弓兽化石。林蜥身长大约 20 厘米，外表类似于现代蜥蜴，拥有锐利的小型牙齿，以昆虫为食。

油页岩蜥复原图（Nobu Tamura）

油页岩蜥，属真爬行动物纤肢龙科。生活于晚石炭世，约 3.02 亿年前。化石发现于美国堪萨斯州。身长约 40 厘米，是已知最早的真爬行动物之一，主要以小型昆虫为食。

第四次生物大灭绝事件：
拉开了恐龙进化的序幕

◆

　　回顾地球历史，自 5.41 亿年至 6500 万年前，地球上的生物至少经历了六次生物大灭绝事件，每一次大灭绝事件都使地球上难以计数的生命遭受灭顶之灾。其中 2.51 亿年前的二叠纪末期生物大灭绝事件无疑是最为惨烈、最为严重的一次生物大灭绝。话说地质历史进入了 2.99 亿年前的二叠纪，生命经历了数十亿年的演化之后出现了大发展，水里、陆地和空中出现了各式各样的生物，地球成了生命的"伊甸园"。二叠纪时期的海水清澈温暖，无数的低级小生命在海洋中无忧无虑地生活着，有珊瑚虫、苔藓虫、有孔虫、海绵等。这些小生命在海洋中繁衍生息，在数千万年的时间里，创造了一个个生命奇迹，形成了一座座超级生物礁。

　　在二叠纪时期，陆地上森林密布，高大的蕨类植物、裸子植物郁郁葱葱，林间五彩斑斓的昆虫翩翩起舞，这些昆虫体型都十分巨大，可达二三米。这样欣欣向荣的景象持续了近 5000 万年，直到二叠纪末期环境发生了巨大变化，才导致大部分生物从地球上奇迹般地消失了，三叶虫从此也在海洋中永远不见踪影。地球不再是生命的"伊甸园"，剩下的极少部分生物也在遭受蹂躏。据科学家统计，有多达 95% 的海洋生物和 75% 的陆生脊椎动物在二叠纪末期惨遭灭绝。科学家通过对二叠纪末期岩石地层进行研究，发现有一种铱元素非常富集，铱主要来自外太空，从而推测地球上出现铱元素富集，可能与小天体的撞击有关，但这一观点仍然受到质疑。20 世纪 90 年代，科学家在西伯利亚的冻土层中发现了绵延数千千米的火成岩，这套岩石被称为"西伯利亚大火成岩省"。由此我们可以想象这样一幅画面，地壳被火山熔岩撕裂出一个数千千米的"大口子"，炙热的岩浆喷涌而出，在数百万平方千米的大地上肆虐横行，所产生的约 200 万立方千米的火山岩和火山灰在冷却后形成了这一超规模的火成岩省。科学家们经进一步研究发现，发生在 2.51 亿年前的这次巨大的火山喷发持续了 100 多万年。二叠纪末期的生物大灭绝事件很可能与这次大规模的火山喷发事件密切相关。

　　这次大规模的火山喷发对全球气候产生了巨大影响，持续不断的火山喷发使大量的火山气体和火山灰喷入空中，先导致气温极速升高，随之而来的则是温度急剧下降。这一次次的气温骤升与骤降，都对生物产生一次次重创，而弥散在空中的火山灰，遮挡了阳光的照射，阻碍了植物的光合作用，最终从根本上摧毁了整个地球的生态系统。

但与之前的几次生物大灭绝一样，这样的大灭绝事件既是生物的灾难，也是生命进化的契机。第四次生物大灭绝事件促使脊椎动物的听觉系统进一步演化，听觉能力大幅度提高。与此同时，脊椎动物的颌骨也发生进化。

脊椎动物颌骨的演化

第一，鱼的鳃弓演化成最初盾皮鱼的原始颌骨，原始颌骨只是软骨，如麒麟鱼。

第二，随着原始颌骨缩小，来自体表的骨片加固取代了原始颌骨，形成了鱼类坚固的上下颌骨，如初始全颌鱼的颌骨，硬骨鱼的嘴巴也由此进化而来。

第三，缩小的原始颌骨与体表骨片形成的齿骨构成了爬行动物的下颌骨（关节骨、方骨和齿骨），但爬行动物不具有咀嚼功能，如林蜥。

第四，进一步缩小的原始颌骨演化成哺乳动物的3块小骨头，构成了听小骨，哺乳动物的下颌骨只有一块齿骨构成，有了咀嚼能力。

第四次生物大灭绝事件后，天上出现了翼龙（2.3亿年前），水里有了鱼龙（2.48亿年前），陆地上出现了恐龙。2.34亿年前，第一只恐龙始盗龙出现在南美洲，并拉开了恐龙进化的序幕。

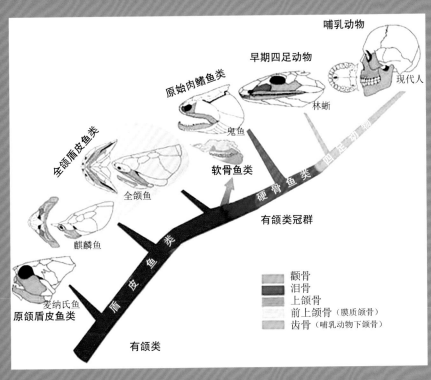

脊椎动物颌骨演化示意图（引自朱敏）

🪐 9.2
主龙类爬行动物

鸟颈类主龙的西里龙、镶嵌踝类主龙的波罗尼鳄复原图（Hiuppo）

弗氏古鳄复原图（Nobu Tamura）
古鳄，属古鳄科，是已灭绝的主龙形类爬行动物，生活于三叠纪早期。化石发现于中国和南非。

引鳄复原图
引鳄，属引鳄科，主龙形下纲，是大型肉食性动物，生活于三叠纪早中期。化石发现于南非、俄罗斯和中国等地。它们身长 2.5～5 米，是当时的顶级掠食动物。

真爬行动物的祖先最先演化出主龙形类爬行动物，主龙形类后来又演化出主龙类爬行动物。

主龙形类首先出现在晚二叠世，繁盛于三叠纪。它们外表类似鳄鱼，是半水生的猎食性动物，有狭长的口鼻部，站立时，前肘部向外拐，著名的有加斯马吐鳄、古鳄、吐鲁番鳄、引鳄等。

古鳄很像现代鳄鱼，潜伏在水边伏击猎物，它也许是鳄鱼的远祖。古鳄最显著的特征是上颌前端向下弯曲，几乎满嘴（腭骨）长有牙齿，这也是主龙形类爬行动物的原始特征，后来爬行动物、哺乳动物的牙齿集中在上下颌骨的边缘。

主龙类，又名初龙类、祖龙类、古龙类，希腊文意为"具优势的蜥蜴"，是真爬行动物的一个主要演化分支，主龙类又演化出镶嵌踝类主龙和鸟颈类主龙两大类。其中鸟颈类主龙演化出了翼龙，以及恐龙和鸟类；镶嵌踝类主龙演化出鳄类。

加斯马吐鳄复原图
加斯马吐鳄，属古鳄科，是已知最早的主龙形类之一，生活于三叠纪早期的俄罗斯欧洲部分。身长约 2 米，行为类似现代鳄鱼。

🪐 9.3
镶嵌踝类主龙

镶嵌踝类主龙是主龙类的一个演化支，是所有鳄鱼的祖先，也称"假鳄类"。其特征是有脚后跟，口鼻狭长，颈部粗壮，四肢由趴姿到直立，体型较大，覆有甲板。

镶嵌踝类主龙是肉食性爬行动物，出现在三叠纪早期（约 2.45 亿年前），到三叠纪中期（2.37 亿—2.28 亿年前）成为陆地优势动物，在三叠纪晚期（2.28 亿—2 亿年前）达到鼎盛期。它可分为 4 个目（类）：劳氏鳄目、植龙目、坚蜥目和鳄形超目。

在三叠纪至侏罗纪第五次生物大灭绝事件中，所有大型的镶嵌踝类主龙灭绝，只有小型的喙头鳄亚目与原鳄亚目存活下来，取而代之的是恐龙。

当白垩纪末期第六次生物大灭绝事件发生时，大部分鸟颈类主龙灭绝，只有鸟类与镶嵌踝类主龙的鳄鱼存活至今。

短吻鳄、长吻鳄等是镶嵌踝类主龙演化支中仍然存活的物种。

达坂吐鲁番鳄化石标本（中国古动物博物馆）

吐鲁番鳄复原图（Nobu Tamura）

吐鲁番鳄，属主龙形类，生活于三叠纪中期的中国西北部。体形小，身长约 90 厘米。

凿齿鳄复原图（Nobu Tamura）

凿齿鳄，属镶嵌踝类主龙类植龙目，生活于三叠纪晚期的北美洲。

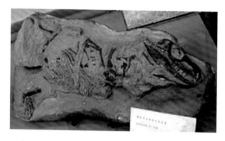

派克鳄化石（巴黎自然历史博物馆）

卡罗莱纳狂齿鳄骨架

派克鳄复原图（Nobu Tamura）

派克鳄，属镶嵌踝类主龙，是小型史前爬行动物，肉食性。生活于三叠纪早期，2.48 亿—2.45 亿年前。化石发现于非洲。身长 60 厘米，体形修长，头部小，牙齿小呈针状，以昆虫与其他小型动物为食。派克鳄前肢指爪锐利，拥有相当长的后肢，可能是半两足动物，能够以后肢快速奔跑。

卡罗莱纳狂齿鳄复原图（Nobu Tamura）

狂齿鳄，属镶嵌踝类主龙类植龙目，生活于三叠纪晚期。化石发现于美国。身长 3 米。如同其他植龙目，狂齿鳄的外表非常类似鳄鱼。它们可能在水边捕食鱼类和陆地动物。狂齿鳄的背部、身体两侧、尾巴覆盖着骨质鳞甲。

股薄鳄复原图（Nobu Tamura）

股薄鳄，意为"纤细的鳄鱼"，属镶嵌踝类主龙，生活于三叠纪中期，体形小，身长约 30 厘米。股薄鳄与鳄形超目的祖先是近亲。

脉鳄复原图（Arthur Weasley）

脉鳄，属四足镶嵌踝类主龙鸟鳄科，生活于三叠纪晚期，肉食性，能以两足行走。曾分布于全球。目前已发现鸟鳄、脉鳄、里约鳄三属。

链鳄骨架模型（美国亚利桑那州化石森林国家公园）

链鳄，又名有角鳄，属镶嵌踝类主龙，属于坚蜥目。生活于晚三叠世的美国得克萨斯州。链鳄是最大型的坚蜥目动物之一，身长约 5 米，高约 1.5 米。

波斯特鳄骨架模型（美国得克萨斯州理工大学）

波斯特鳄，又译为后鳄龙，属镶嵌踝类主龙的劳氏鳄目，是现代鳄鱼的早期远亲。生活于三叠纪中晚期，2.28 亿—2.02 亿年前。化石发现于北美洲。波斯特鳄是该地区的顶级掠食者，身长可达 4 米，背部高度约 2 米，体重 250 ~ 300 千克。波斯特鳄的头颅骨宽广巨大，嘴部带有大型匕首状牙齿。脊部覆盖着多排骨板，可保护身体。

柯氏波斯特鳄复原图（Nobu Tamura）

链鳄复原图（Nobu Tamura）

铠鳞龙复原图（uploader：Arthur Weasley）

铠鳞龙，属镶嵌踝类主龙坚蜥目，生活于三叠纪晚期，2.28 亿—2.16 亿年前。化石发现于苏格兰与波兰。身长 3 米，头部长达 25 厘米。铠鳞龙是一种四足、植食性动物，主要以木贼、蕨类植物以及苏铁为食。行动缓慢，身披厚重的鳞甲，以抵御其他掠食动物的攻击。

四川鳄复原图（Nobu Tamura）

四川鳄属镶嵌踝类主龙鳄形超目，为最原始的鳄鱼之一，生活于侏罗纪晚期到白垩纪早期的中国。

🪐 9.4
鸟颈类主龙

鸟颈类主龙又称鸟颈总目，是一个庞大的主龙类演化支。因S状曲线的脖子，而被命名为鸟颈类主龙。鸟颈类主龙包括两个演化支：恐龙形态类和翼龙目。

著名的鸟颈类主龙有马拉鳄龙、斯克列罗龙，它们是小型的肉食性动物，四肢尚未完全直立，后肢修长，明显长于前肢，两足或四足行走。

马拉鳄龙骨骼及复原图
马拉鳄龙，属鸟颈类主龙。生活于三叠纪中期，2.37亿—2.28亿年前。化石发现于南美洲的阿根廷。马拉鳄龙是小型两足爬行动物，身长约40厘米，类似于恐龙。

斯克列罗龙复原图（Nobu Tamura）
斯克列罗龙，属鸟颈类主龙，生活于三叠纪晚期的苏格兰。斯克列罗龙是善于行走的小型动物，身长约18厘米，后肢相当长，能以两足方式或四足方式行走。

🪐 9.5
恐龙形态类爬行动物

大约在早二叠世，鸟颈类主龙演化出恐龙形态类爬行动物，如兔蜥类、兔鳄。第四次生物大灭绝事件后不久，恐龙形态类爬行动物演化出恐龙形类爬行动物，著名的恐龙形类有阿希利龙和西里龙。经过约1000万年的演化，恐龙形类爬行动物才演化出恐龙，最早出现的恐龙是著名的始盗龙。

真爬行动物向恐龙的演变，也是脊椎动物进化的第五次巨大飞跃，即真爬行动物不再匍匐前行，而是进化出了可以垂直站立的四肢，上肢主要用来捕食，而后肢不仅可以直立行走，还可以快速奔跑。这一变化发生在2.45亿—2.34亿年前，代表性的爬行动物有艾雷拉龙、始盗龙，从而拉开了恐龙进化的序幕。

阿希利龙生活于2.45亿年前的三叠纪中期，是已知最古老的恐龙形类，也是第一个发现于非洲的原始恐龙形类爬行动物。阿希利龙的出现表明三叠纪中期鸟颈类主龙已呈多样性发展。阿希利龙在形态上非常接近恐龙，但还不是恐龙，因为它的臀部结构与恐龙不同。

兔鳄复原图（Arthur Weasley）

兔鳄，属恐龙形态类，生活于中三叠世，约 2.3 亿年前。它与恐龙关系密切。兔鳄是一种小型的主龙类，其显著特征是脚细长，脚掌发展良好，这很像恐龙。它既可以迅速追赶猎物，也可以快速逃脱捕食者。

兔蜥类复原图

兔蜥类，属原始恐龙形态类，是恐龙的早期近亲。生活于三叠纪中晚期，2.37 亿—2.03 亿年前。化石发现于南美洲的阿根廷，美国亚利桑那州、新墨西哥州和得克萨斯州。兔蜥类是小型两足爬行动物，后肢长约 25 厘米。

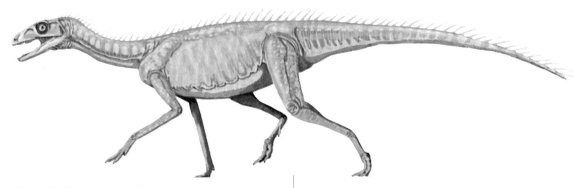

奥波莱西里龙（Dmitry Bogdanov）

奥波莱西里龙，身长近 2.3 米，可以两足行走。其体形轻，适合奔跑。

阿希利龙复原图（Smokey）

阿希利龙，属恐龙形态类西里龙科。化石发现于非洲的坦桑尼亚。身长 1 ~ 3 米，臀部高 0.5 ~ 1 米，体重 10 ~ 30 千克。

西里龙复原图（Nobu Tamura）

西里龙，属恐龙形态类西里龙科，生活于三叠纪晚期的波兰，约 2.3 亿年前。西里龙是植食性动物，牙齿小，呈圆锥状，带有锯齿。齿骨前端没有牙齿，某些古动物学家因此认为西里龙具有喙状嘴。

🪐 9.6
三叠纪翼龙目

真双型齿翼龙复原图
真双型齿翼龙（Eudimorphodon），又名真双齿翼龙，是目前已知最古老的翼龙类之一。化石发现于意大利贝尔加莫，时代为三叠纪晚期，2.28亿—2亿年前。它们拥有少数的原始特征。翼展约100厘米，而且长尾巴的末端可能有个钻石形标状物，类似晚期的喙嘴翼龙，这个标状物可能在飞行时充当舵来使用。它们以鱼类或腐肉为食，也吃硬壳的无脊椎动物。

沛温翼龙复原图（Nobu Tamura）
沛温翼龙（Preondactylus），属长尾翼龙类。生活于三叠纪中期的意大利，约2.3亿—2.16亿年前。沛温翼龙可能以鱼类、昆虫为食。拥有短翼与长腿，翼展约45厘米。有完全发育的翼，比一般翼龙类更原始。

翼龙目是能飞行的爬行动物的一个演化支（另见155页至177页）。它们是由鸟颈类主龙演化而来的，但并不是恐龙。翼龙类生活于三叠纪晚期至白垩纪末期，约2.3亿—0.65亿年前，几乎与恐龙同时出现，同时灭绝。翼龙类是第一种能主动飞行的脊椎动物。双翼由皮肤、肌肉与其他软组织构成，翼膜从身体两侧延展到极长的第四手指上。翼龙的翅膀类似于现代蝙蝠的翅膀，在生物学上，这叫做趋同进化。

较早的翼龙嘴里长满牙齿，具有长尾巴，尾端呈钻石形；较晚的翼龙尾巴大大缩短，而某些晚期翼龙缺乏牙齿。它们以鱼、水生有壳无脊椎动物和昆虫为食。翼龙类的体型差异非常大，最小的森林翼龙，翼展只有25厘米；最大的风神翼龙，翼展超过15米。

迄今，世界上已经发现并命名的翼龙有140多种。科学家最近的研究表明，翼龙是恒温动物，体表有毛。

三叠纪时期的翼龙进化的明显特征是体形较小，翼展不超过1米，尾巴末端有标状物，著名的有蓓天翼龙、沛温翼龙、真双齿翼龙等。

蓓天翼龙骨骼化石及复原图
蓓天翼龙（Peteinosaurus），又名翅龙，属翼龙目，是最古老的翼龙之一，也是最早能真正振翅的翼龙。生活在约2.1亿年前的晚三叠世。蓓天翼龙是小型杂食性爬行动物，翼展长达60厘米，重达100克，尾端呈钻石形。主要生活在河谷、沼泽中，以昆虫为食，特别喜欢吃蜻蜓。

🪐 9.7
三叠纪鱼龙超目

　　鱼龙超目是一类大型海生爬行动物，外形类似鱼类和海豚，这是趋同进化的结果，鱼龙类都是由陆地上四足爬行的真爬行动物演化来的。

　　鱼龙类比恐龙早出现约 1400 万年，约 9000 万年前灭绝，比恐龙提前约 2500 万年灭绝。在早三叠世，鱼龙体形较小，如巢湖鱼龙、短尾鱼龙等；到中晚三叠世，鱼龙体型变大，如怀椎鱼龙、喜马拉雅鱼龙等；到侏罗纪，鱼龙特别繁盛，分布尤为广泛；到了白垩纪，鱼龙被蛇颈龙类取代，蛇颈龙类成了那时的顶级掠食动物（另见 147 页至 154 页）。

　　第四次生物大灭绝事件之后，最先出现的最原始的鱼形动物是柔腕短吻龙（*Cartorhynchus lenticarpus*），它也是目前发现的成年个体最小的鱼龙，体长约 40 厘米，生活在早三叠世，约 2.48 亿年前。化石发现于我国安徽省巢湖马家山。短吻龙身体骨骼较重，便于海底取食，吻部很短且没有牙齿，可能采取吸食方式。躯干较短，前肢较大，在陆地上，它能像海豹一样用腕部弯曲支撑身体，向前移动。它既可以在海洋里生活，又可以回到岸上生活。

　　鱼龙类的头部像海豚，口鼻部较长，长满牙齿，鱼龙类体型呈流线型，适于快速游泳。有些鱼龙能够潜到深海捕食，如大眼鱼龙。鱼龙类呼吸空气，属于卵胎生爬行动物，直接把幼崽产在海洋里。

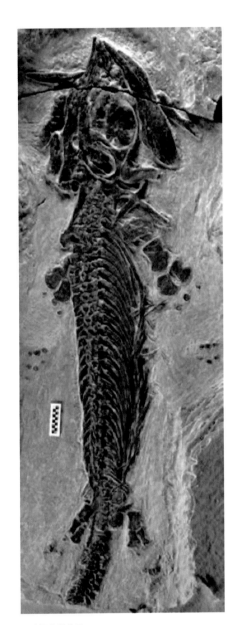

柔腕短吻龙化石

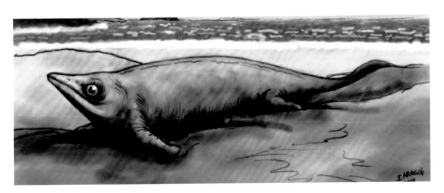

柔腕短吻龙复原图

加利福尼亚鱼龙复原图（Nobu Tamura）

加利福尼亚鱼龙（Califoronosaurus），又称皮氏萨斯特鱼龙，属鱼龙目，生活在三叠纪晚期。化石发现于美国加利福尼亚州。身长3米，以鱼类及其他小型海洋生物为主食。和其他鱼龙类一样，加利福尼亚鱼龙很可能一生都不会离开水域，所以产子也是在水中进行的。

混鱼龙生态复原图（Nobu Tamura）

混鱼龙（Mixosaurus），意为"混合蜥蜴"，属鱼龙目。混鱼龙生活于三叠纪中期，曾分布于亚洲（中国）、欧洲和北美洲。身长约1米。混鱼龙拥有长尾巴，尾巴有下鳍，显示它们游泳速度慢，但同时拥有背鳍，起稳定作用。混鱼龙的外形类似鳗鱼，以鱼类为食。

杯椎鱼龙复原图（Nobu Tamura）

杯椎鱼龙（Cymbospondylus），意为"船的脊刺"，属原始鱼龙类。生活于三叠纪中晚期，2.4亿—2.1亿年前。化石发现于德国与美国内华达州。杯椎鱼龙身长6～10米。它是最不像鱼类的鱼龙类，背部没有背鳍，尾巴有长的下鳍。它可能是卵胎生。

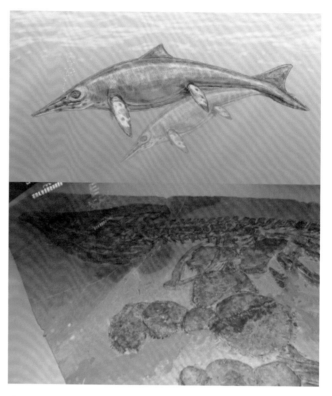

萨斯特鱼龙化石及复原图（Dmitry Bogdanov）

萨斯特鱼龙（Shastasaurus），属鱼龙类。生活于三叠纪晚期，约2.1亿年前。化石发现于美国、加拿大和中国。西卡尼萨斯特鱼龙体型很大，身长约21米。萨斯特鱼龙有高度特化的鳍状肢，适合在海中游泳。口鼻部短，缺乏牙齿，被推测以鱼类、无壳头足类为食。

喜马拉雅鱼龙复原图

喜马拉雅鱼龙，属鱼龙超目萨斯特鱼龙超科，生活于晚三叠世。化石发现于中国西藏自治区。身长约15米，重3吨，肉食性。可能与秀尼鱼龙是同一个物种。

龟山巢湖龙复原图（Nobu Tamura）

巢湖龙（*Chaohusaurus*），意为"巢湖蜥蜴"，属鱼龙超目，外表类似鱼，生活于早三叠世。化石发现于中国巢湖。巢湖龙是较小的一种鱼龙，身长70～170厘米，重约10千克。巢湖龙后来演化出杯椎鱼龙、混鱼龙。

秀尼鱼龙复原图

秀尼鱼龙（*Shonisaurus*），属鱼龙目，生活于晚三叠世，是已发现的最大鱼龙类之一，身长15米。化石发现于美国内华达州。在喜马拉雅山脉发现的大型喜马拉雅鱼龙，就是秀尼鱼龙。

短尾鱼龙复原图（Dmitry Bogdanov）

短尾鱼龙（*Grippia*），属鱼龙超目，是已灭绝的海生爬行动物，生活于早三叠世。化石发现于格陵兰、中国、日本、加拿大的海岸地区。短尾鱼龙形似海豚，体长1～1.5米。

歌津鱼龙复原图（Nobu Tamura）

歌津鱼龙（*Utatsusaurus*），属鱼龙超目，是已知最早的海生爬行动物。生活于早三叠世，约2.5亿—2.45亿年前。化石发现于日本和加拿大。歌津鱼龙没有背鳍，头颅骨较为宽广，口鼻部逐渐变细。身长3米，以鱼类为食。

◎ 9.8
三叠纪鳍龙超目

楯齿龙骨骼

鳍龙超目是一类进化非常成功的海生爬行动物，繁盛于中生代。它们是由陆生蜥类演化而来的。最早的鳍龙超目动物出现在三叠纪早期，约2.45亿年前，在6500万年前灭绝。鳍龙超目（包括楯齿龙目、海龙目、幻龙目、蛇颈龙目）与恐龙、翼龙类、沧龙类生活在同一时期。早期的鳍龙超目物种体形小，约60厘米长，有长四肢，是半水生的动物，例如肿肋龙类。但它们中有些能快速地长到数米，并生活在浅水中，例如幻龙类。三叠纪至侏罗纪生物灭绝事件使这些早期物种全部灭绝，只有蛇颈龙目继续存活。在早三叠世时期，蛇颈龙类快速地分化为长颈、小头的蛇颈龙类，以及短颈、大头的上龙类。

楯齿龙目

楯齿龙目又名盾齿龙目、齿龙目，属蜥形纲鳍龙超目。生活于三叠纪，在2亿年前生物灭绝事件中灭绝。楯齿龙类的化石发现于欧洲、北非和中东地区。楯齿龙类身长通常为1~2米，最长可达3米。四肢短而强壮。部分原始楯齿龙类外表类似粗壮的蜥蜴，而其他的楯齿龙类背上有大型骨板，类似于乌龟。

楯齿龙复原图（Nobu Tamura）
楯齿龙（*Placodus*），又名盾齿龙，属于楯齿龙目。生活于三叠纪中期，约2.4亿年前。化石发现于德国、法国、波兰和中国。楯齿龙有略胖的身体与长尾巴、短颈部，身长约2米，可能生活在浅水区域，以贝类为食。近亲是蛇颈龙类。

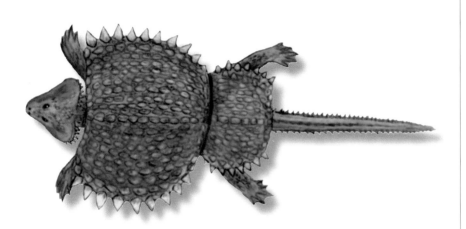

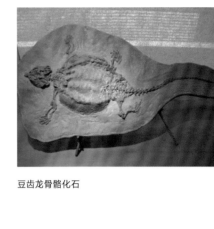

豆齿龙骨骼化石

豆齿龙复原图

豆齿龙（*Cyamodus*），又名海豆蜥，属鳍龙超目楯齿龙目豆齿龙科。生活于中三叠世，2.45 亿—2.28 亿年前。化石发现于德国和中国。豆齿龙身长约 1.3 米。

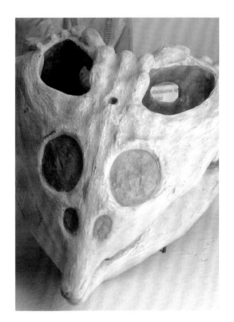

盾龟龙头骨化石

盾龟龙复原图

盾龟龙（*Placochelys*），又名铠甲楯齿龙、龟龙，生活于三叠纪。化石发现于德国。身长约 90 厘米。盾龟龙的口鼻部呈喙状，几乎没有牙齿，但有特化过的宽广牙齿，可用来压碎甲壳类的外壳。盾龟龙具有类似海龟的鳍状肢，适合在海中生活，此外，盾龟龙具有明显的脚趾，还有短尾巴。

幻龙目

幻龙目（Nothosauroidea），又名孽子龙目，属于鳍龙超目，类似现代的海豹，在水中捕捉猎物，再回到岸边的岩石与海滩上享用美餐。有长的身体与尾巴。脚掌已演化成似桨状。颈部相当长，头部长而平坦。它们以鱼类为食。幻龙类是蛇颈龙的祖先。

科学家在我国云南省罗平县发现了一种幻龙化石，这种幻龙被命名为"张氏幻龙"（*Nothosaurus zhangi*）。张氏幻龙生活在2.41亿—2.35亿年前的中三叠世，体长5～7米，是当时海洋中顶级猎食者，主要以大型肉食性鱼类和其他海生爬行动物为食。张氏幻龙是第四次生物大灭绝事件之后，较早出现的顶级掠食者，对研究三叠纪动物的复苏具有重要意义。

张氏幻龙捕食小型肿肋龙（想象图）

张氏幻龙，属蜥形纲幻龙目。体形庞大，头部扁平宽阔，同时长有巨大且锋利的圆锥形犬齿。趾间有蹼，尾巴可能呈鳍状。与蛇颈龙相比，幻龙对水生环境的适应程度并不是很高，因此主要以伏击的方式在水下捕食猎物。

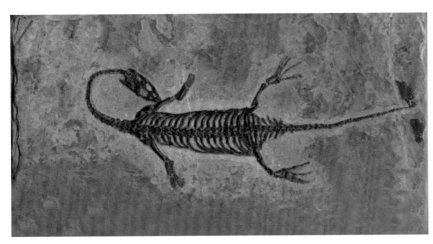

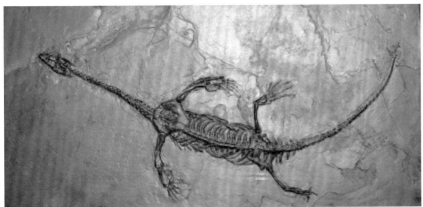

贵州龙骨骼化石

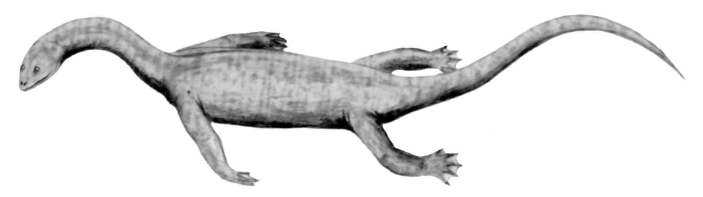

贵州龙复原图

贵州龙（*Keichousaurus*），是一种海生爬行动物，属鳍龙超目幻龙目肿肋龙科，生活于三叠纪。在第五次生物大灭绝事件中灭绝。化石发现于我国贵州省。如同其他鳍龙类，贵州龙高度适应水生环境。它们身长 15 ~ 30 厘米，拥有长颈部、长尾巴，以及有 5 个脚趾的延长脚掌。它们以鱼类为生，是卵胎生动物，可直接在水里产下幼年个体。

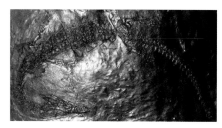
阿氏开普吐龙骨骼化石

海龙目

海龙目（Thalattosauria），意为"海洋蜥蜴"，生活于三叠纪中晚期。某些海龙类身长 4 米以上，具有侧向扁平的尾巴，适合在海洋环境中生存。海龙类的外表类似蜥蜴。

阿氏开普吐龙复原图（Nobu Tamura）
阿氏开普吐龙（Askeptosaurus），属海龙目，生活于三叠纪中期。化石发现于意大利、瑞士。身长约 2 米，以类似鳗鱼的方式游泳，以鱼类为食。

贫齿龙复原图（Nobu Tamura）
贫齿龙（Miodentosaurus），属海龙目，生活于三叠纪晚期，化石发现于中国。身长 2 ~ 2.5 米，可能是最大型的海龙类。

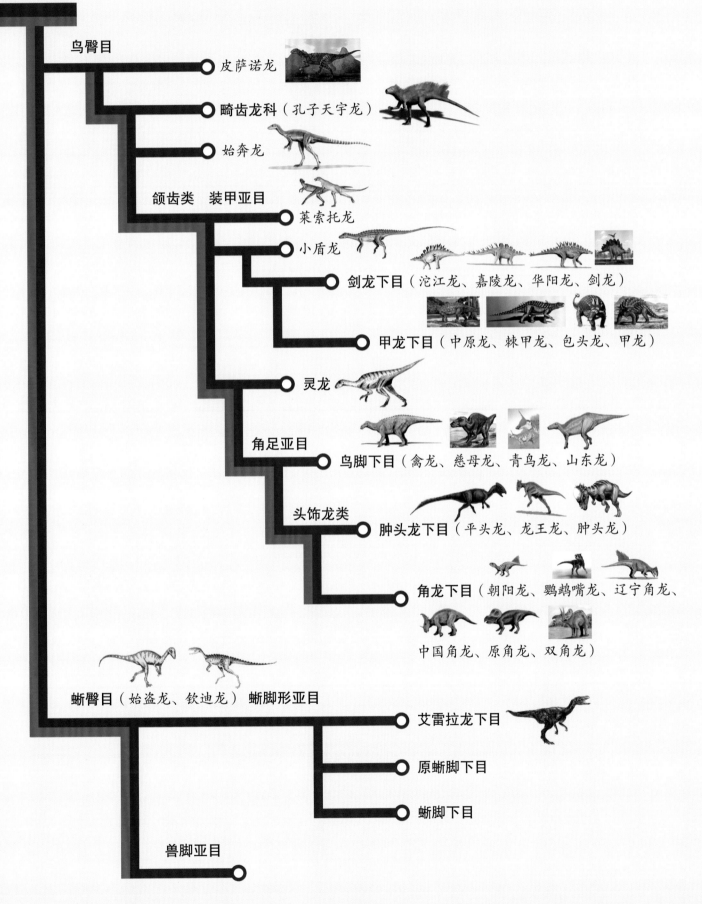

恐龙总目

鸟臀目

皮萨诺龙

畸齿龙科（孔子天宇龙）

始奔龙

颌齿类　装甲亚目

莱索托龙

小盾龙

剑龙下目（沱江龙、嘉陵龙、华阳龙、剑龙）

甲龙下目（中原龙、棘甲龙、包头龙、甲龙）

灵龙

角足亚目

鸟脚下目（禽龙、慈母龙、青鸟龙、山东龙）

头饰龙类

肿头龙下目（平头龙、龙王龙、肿头龙）

角龙下目（朝阳龙、鹦鹉嘴龙、辽宁角龙、

中国角龙、原角龙、双角龙）

蜥臀目（始盗龙、钦迪龙）　蜥脚形亚目

艾雷拉龙下目

原蜥脚下目

蜥脚下目

兽脚亚目

第五次生物大灭绝事件：
拉开了恐龙繁盛的序幕

2亿年前，三叠纪晚期，地球上的陆地还是一个整体，所有陆地连在一起形成一块超级大陆——盘古大陆（联合古陆）。后来软流圈的岩浆剧烈活动，最终岩浆喷涌而出，造成了三叠纪末期生物大灭绝事件，并将盘古大陆切割成两半形成了劳亚古陆和冈瓦纳古陆。从此拉开了地球六大板块运动的序幕，大西洋有了雏形。

2亿年前的某一天，在现今北美洲南部、大西洋西岸的佛罗里达州，突然，一大股水蒸气从地面喷向高空。一群正在觅食的真双型齿翼龙，来不及躲闪被活活烫死。这是大灾难的前奏。

后来，地面上出现了一条长2500千米的裂缝，从北美洲的佛罗里达海岸一直向中大西洋延伸，海水遇到滚热的岩浆被迅速汽化，水蒸气迅猛喷发，周边的气温极速升高，一场灾难即将来临。

随着一声巨响，约1.8亿亿立方米的岩浆从这道裂缝汹涌喷出。岩浆急速扩散，淹没了200平方千米。岩浆所到之处，所有生命荡然无存。

伴随着岩浆，还喷出了大量的有毒气体。大量的二氧化碳扩散到了大气中，遮天蔽日，导致全球气温剧烈升高。全球平均温度，从灾难发生前的16摄氏度，在数百年间迅速升高至30摄氏度。很多动物因食物短缺或呼吸困难死亡。

灾难发生约1万年后，大气中的含氧量骤降，而大气中二氧化碳的含量却上升。大多肺功能弱的鳄类动物灭绝。

大气中的水蒸气与二氧化硫发生化学反应，连续数万年酸雨的降临使植物数量锐减。

灾难发生十几万年后，枯木在高温下开始燃烧，产生了大量的有毒气体和灰烬。数万吨的灰烬在大气中滚动，使生物又一次雪上加霜。

灾难发生数十万年后，岩浆终于停止了喷发，但喷发形成的火山灰遮天蔽日，照射到地面上的阳光比平时少一半。地球进入了大规模的冰期，全球气温骤降，从30摄氏度下降到10摄氏度，冰期来临。大批动物因卵无法孵化而灭绝。

　　几十万年后，冰期结束了，但此时，地球上的生命消失殆尽，地球生物开始了漫长的恢复期。又过去了几十万年之后，剩余的植物不断繁衍，它们制造氧气，大气含氧量逐渐增加，从此，地球开始焕发生机。

　　这是第五次生物大灭绝事件，造成当时 70% 的物种灭绝，十分繁盛、形态各异，有百余种之多的鳄类动物遭到重创，波斯特鳄、鸟鳄、凿齿鳄、狂齿鳄、链鳄等都灭绝了，但一些鳄却存活到了现在。

　　恐龙却因这场灾难呈爆发式多样化发展，体型由弱小变得十分强大，体长数十米，体重数十吨，形态各式各样，并迅速成为地球霸主，统治地球长达 1.38 亿年，遍布世界各大洲。最终又都在第六次生物大灭绝事件中灭绝。

第五次生物大灭绝事件与地球板块运动

　　从某种意义来说，2 亿年前三叠纪末期，地下岩浆从地下喷涌，地球又开始板块运动，大西洋开始出现雏形，从此第五次生物大灭绝事件也拉开了序幕。

　　1912 年，德国气象学家兼地质学家魏格纳最先提出了"大陆漂移说"。20 世纪 50 年代，美国学者首先提出，全球大洋洋底纵贯着一条连续不断的全长达 6.4 万千米的大洋中脊，20 世纪 60 年代初，美国地质学

家迪茨、郝斯提出了"海底扩张"的概念。此后，地质学家使用深潜器观测到了大洋中脊的裂谷。为大陆漂移说提供了有力的佐证。后来被古地磁学、地球物理学和地质年代学等学科证实，板块构造才成为一种理论，并在地学领域得到广泛的应用。"板块构造"也成为20世纪四大科学模型之一。

根据板块构造理论，在中生代早期，约2.37亿年前的三叠纪，现在世界上的6大板块（包括欧洲、亚洲、北美洲、南美洲、非洲，以及大洋洲和南极洲七大洲），还是一个整体，就像6块拼图一样，拼在一起叫盘古大陆。四周被泛大洋包围。盘古大陆犹如一个超级航母"漂浮"在古老的泛大洋上。

盘古大陆地壳的厚度很不均匀，地壳下面是汹涌炙热的岩浆，犹如惊涛骇浪一样，在地球内部地质作用下运动，炙热的岩浆首先从地壳薄弱处（最早的洋中脊）涌出，这个最薄弱处位于北美大陆东南部与非洲大陆西北部的接合部，随着岩浆不断地涌出，把地壳撕开一个大口子，这就是最初古老中大西洋的雏形，由此盘古大陆分裂成了北方的劳亚古陆和南方的冈瓦纳古陆，时间大概在2亿年前左右。随着岩浆的不断涌出，将中大西洋两侧的古陆，劳亚古陆和冈瓦纳古陆不断向两边推动，大约经过了5000万年，到了1.5亿年前的晚侏罗世，中大西洋基本形成，北方的劳亚古陆（包括北美洲、欧洲、亚洲）与南方的冈瓦纳古陆（包括南美洲、非洲、大洋洲和南极洲）也基本定型。

在大西洋中央洋底，形成了一条贯穿大西洋南北的洋中脊，其中间有一条贯穿洋中脊的裂谷，岩浆从裂谷中持续不断地涌出，把洋中脊两侧的岩石（固结的岩石板块）不断向两侧推动，造成了离洋中脊越远的岩石，其岩石年龄越老，反之，离洋中脊越近的岩石，年龄越小。随着两边大陆的不断远离，大西洋越来越大，大约到了9400万年前的早白垩世，北大西洋与南大西洋基本形成，劳亚古陆上的北美洲与欧亚大陆分开，冈瓦纳古陆上的南美洲、非洲、印度、澳洲和南极洲也相互分离。

随着时间的流逝，洋中脊的岩浆不间断地涌出，推动两侧的岩石板块不断地向两侧运动。大约到了6500万年前，世界上6大板块（七大洲）的位置基本定型，地球的面貌与现在的样子相差不大。

此后，在岩浆不断涌动下，印度板块不断向北运动，最终与欧亚板块相撞，形成了我国的青藏高原，以及著名的喜马拉雅山脉。在印度洋板块不断北移的过程中，约3300万年前至今，印度洋板块与非洲板块交界处产生了张裂拉伸，大量岩浆喷涌而出，造就了著名的乞力马扎罗山和肯尼亚山，形成了一系列大致呈南北走向的张裂带，这就是著名的"东非大裂谷"，它对人类的起源产生了巨大的影响。

与此同时，南极洲与澳洲分开，不断向南运动，直到约2000万年前，地球的面貌完全定型，与现在的样子一模一样。形成了七大洲（欧洲、亚洲、非洲、北美洲、南美洲、大洋洲、南极洲）和四大洋（太平洋、大西洋、北冰洋和印度洋）。

现在的板块仍以不同的速率运动着，据科学观测，喜马拉雅山脉仍以约每年2毫米的速度在增高，现在很多的地震就是板块运动造成的。

地球面貌的演变

下页右图从上到下，分别是晚三叠世、早侏罗世、晚侏罗世，以及始新世、中新世五个地质时期的地球面貌，从这五幅地球面貌中可以看出地球2亿年的沧桑史，即2.2亿—2000万年前，地球面貌的巨变、大西洋的诞生与成长、盘古大陆的分裂、世界七大洲的形成，以及喜马拉雅山的崛起与青藏高原的隆升等。直到早白垩世，地球才有了现今面貌的雏形。

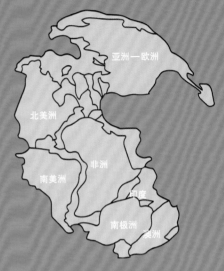

科学家设想的最早的盘古大陆的形态

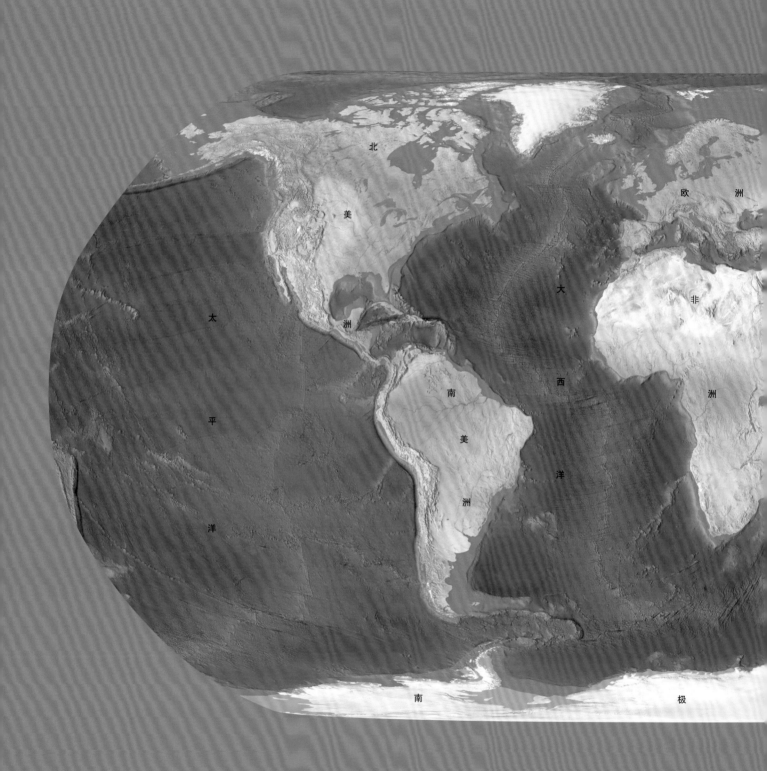

北美洲

欧洲

美洲

大

非

太

西

洲

平

洋

南

美

洋

洲

洋

南   极

全球现在被划分为6大板块（七大洲）：亚欧板块（包括欧洲、亚洲）、太平洋板块、美洲板块（包括北美洲、南美洲）、非洲板块（包括非洲）、印度洋板块（包括大洋洲）和南极洲板块（包括南极洲）

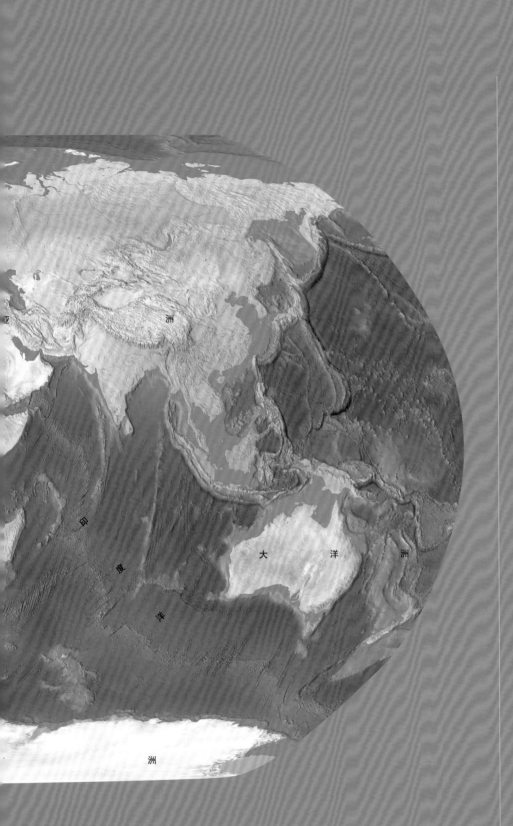

亚洲

印度洋

大洋洲

洲

晚三叠世：2.2 亿年前

早侏罗世：2 亿年前

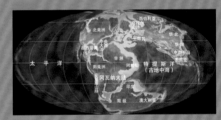

晚侏罗世：1.5 亿年前

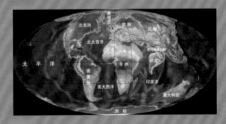

始新世：5000 万年前

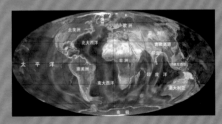

中新世：2000 万年前

第 十 章

恐龙时代

🪐 10.1
恐龙概述

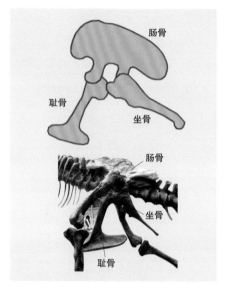

蜥臀目骨盆构造及蜥臀目暴龙的骨盆

蜥臀目的耻骨在肠骨下方向前延伸，坐骨则向后延伸，其骨盆结构与蜥蜴相似，因此命名为蜥臀目。

在恐龙时代，除极度繁盛的陆地恐龙和飞行的鸟类外，水生爬行动物，如鱼龙类、幻龙类、蛇颈龙类、沧龙类等，以及翱翔天空的翼龙类也十分兴盛，并与恐龙一样，在 6500 万年前的第六次生物大灭绝事件中灭绝。

恐龙是中生代生物多样化中的优势陆生动物，是一种高度特化的爬行动物。生活于 2.34 亿—0.65 亿年前，长达 1.69 亿年之久。

恐龙家族极为庞大，并呈多样性蓬勃发展。据不完全统计，恐龙计有 1047 个种。恐龙有植食性的，肉食性的，也有杂食性的。恐龙与其他陆生爬行动物的最大区别在于站立姿态和行进方式。恐龙具有完全直立的姿态，其四肢位于躯体的正下方，因此，恐龙的四肢比其他爬行动物（如鳄类，四肢位于躯体两侧且向外伸展）更有利于行走和奔跑。

恐龙的特征：四足或两足行走，四肢或后肢十分强壮，四肢垂直位于腹部下方，靠后肢行走的恐龙，主要是兽脚类恐龙，可以快速奔跑，最高时速可达七八十千米，但前肢短小，每肢有指（趾），数量不超过 5 个，有些恐龙的前肢不但有锐利的前爪，而且可以辅助捕食猎物或进食，因此恐龙比其他陆地爬行动物更具优势；根据羽毛形状、运动方式、代谢速率，以及碳氧同位素、骨骼组织特征研究表明，几乎所有的恐龙，特别是四足行走的蜥脚类恐龙、两足行走长有羽毛的兽脚类恐龙，都是恒温动物（通过体内的生理活动调控体温），不同于其他爬行动物，依靠外部热源来调控体温；有孵蛋行为，比如窃蛋龙；体表有鳞片，为御寒长有毛发；具有立体视觉，可以主动追赶捕食猎物；部分恐龙长有羽毛，可以滑翔；发育听小骨，由一块骨头组成，听觉进化；牙齿没有分化，不具有咀嚼功能，只能吞咽食物。

脊椎动物进化史上的第五次巨大飞跃是，真爬行动物由趴姿进化出直立姿势，不仅可以直立行走，而且还可以快速奔跑，前肢捕获猎物，这一切发生在 2.34 亿年前，代表性的爬行动物有始盗龙、艾雷拉龙，拉开了恐龙进化的序幕。

蜥脚类和兽脚类恐龙都采用鸟类的胸－囊式呼吸方式，即双重呼吸

（一次呼吸，两次通过肺部进行气体交换）。

在三叠纪，地球上的主要陆地仍是一个整体，称为盘古大陆（联合古陆）。恐龙能够快速奔跑，因此比其他爬行动物更具优势，并呈多样化迅猛发展，最终称霸地球。所以，恐龙化石在现今的各大洲都有发现。根据其骨盆构造（肠骨、耻骨和坐骨），恐龙总目分为鸟臀目和蜥臀目两大类。只有这两大类高度特化的爬行动物，才属于恐龙。

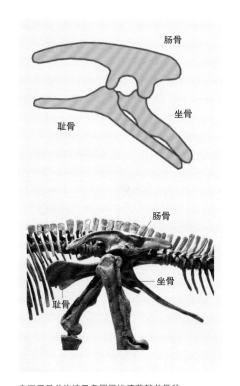

鸟臀目骨盆构造及鸟臀目埃德蒙顿龙骨盆
鸟臀目的肠骨前后都大大扩张，耻骨前侧有一个大的前耻骨突，伸在肠骨的下方，后侧更是大大延伸与坐骨平行伸向肠骨前下方。这样的结构与鸟类类似。

🪐 10.2
鸟臀目恐龙

鸟臀目，意思是"如鸟类般的臀部"，它们都拥有与鸟类相似的骨盆结构，是一类嘴巴外观类似鸟喙的植食性恐龙。

早期的鸟臀目恐龙均是两足行走，后期的鸟臀类却都是四足行走、植食性恐龙。鸟臀类恐龙性情温和，不具进攻性，因而常常成为肉食性恐龙的猎物。为了生存繁衍以及免遭肉食性恐龙的攻击，鸟臀类恐龙逐渐演化出了各式各样的防御性器官，如剑龙类恐龙的肩刺、尾刺和背部骨板，甲龙类恐龙的甲胄和尾锤，鸟脚类恐龙的爪子和鸭状嘴，角龙的犄角、头盾和喙状嘴，肿头类恐龙的似盔状头颅等。鸟臀类恐龙种类繁多，千姿百态，其中有些形态稀奇古怪。

鸟臀类恐龙最显著的特征是其腰带结构，肠骨前后都大大扩张，耻骨则有一个大的前突起，伸出在肠骨的下方，因此，骨盆从侧面看是四射形，四个突出部分（四支）分别是肠骨的前后部、耻骨前支（前耻骨），以及紧挤在一起的坐骨和耻骨体及耻骨后支（也称后突）。

皮萨诺龙骨架

最原始的鸟臀目恐龙

　　原始的鸟臀目恐龙以二足植食性恐龙为主，生活在晚三叠世至早侏罗世。体形较小，身长 1 米左右，前肢短小，后肢长而强壮，善于奔跑。化石多数发现于非洲和南美洲。原始的鸟臀目恐龙有皮萨诺龙、始奔龙、莱索托龙和小盾龙等。

皮萨诺龙生态复原图

皮萨诺龙（*Pisanosaurus*），又称匹萨诺龙，属已知最原始的鸟臀目恐龙，是两足小型植食性恐龙。生活于晚三叠世，2.28 亿—2.165 亿年前。化石发现于南美洲。身长约 1 米，身高约 30 厘米，重 2.27 ~ 9.10 千克。

莱索托龙复原图

莱索托龙（*Lesothosaurus*），属鸟臀目。生活于早侏罗世，2亿—1.9亿年前。化石发现于非洲莱索托和南非。莱索托龙是种小型、二足植食性恐龙，身长1米。外表类似大型二足蜥蜴，它们的颌部只能上下移动，不能横向运动，只能切断植物，而无法磨碎植物。前肢相当短小，后肢比前肢长许多，有五根手指，第五指很细。脚部与胫部的长度相当，显示莱索托龙是快速、灵活的奔跑者。

畸齿龙复原图（Nobu Tamura）

畸齿龙（*Heterodontosaurus*），又名异齿龙，属鸟臀目，意为"有不同牙齿的蜥蜴"，生存于早侏罗世，2亿—1.96亿年前。化石发现于南非。畸齿龙外形与棱齿龙类似，但畸齿龙有犬齿形牙齿，以植物为食，是一类小型、行动敏捷的鸟臀目恐龙，身长约1米，有长而狭窄的骨盆，其耻骨类似于更先进的鸟臀目恐龙。

塔克畸齿龙化石（加州大学柏克莱分校）

始奔龙复原图（Nobu Tamura）

始奔龙（*Eocursor*），意为"开始的奔跑者"，属鸟臀目，是种轻型、二足恐龙，身长约1米，已知最早的鸟臀目恐龙之一，生活于晚三叠世，约2.1亿年前。化石发现于非洲。

醒龙复原图

醒龙（*Abrictosaurus*），意为"不眠的蜥蜴"，属鸟臀目畸齿龙科。生活于早侏罗世，2亿—1.9亿年前。化石发现于南部非洲。醒龙是一类小型、二足、植食性或杂食性的恐龙，身长接近1.2米，体重不足45千克，背部与尾部长有管状羽毛。

果齿龙复原图

果齿龙（*Fruitadens*），属鸟臀目畸齿龙科，生活于1.503亿年至1.502亿年前的晚侏罗世。化石发现于美国科罗拉多州。果齿龙是已知最小型的鸟臀目恐龙，成年个体的身长65～75厘米，体重0.5～0.75千克，二足，善于奔跑。为杂食性恐龙，以特定植物为食，可能捕食昆虫、无脊椎动物，是已知生存年代最晚的畸齿龙科恐龙之一。

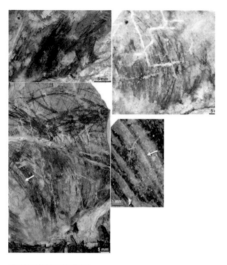

孔子天宇龙羽毛化石

孔子天宇龙生态复原图

天宇龙（*Tianyulong*），属鸟臀目畸齿龙科，是小型、原始鸟臀目恐龙。生活在晚侏罗世，约1.585亿年前。化石发现于中国辽宁省建昌县。身体修长，尾巴也长，有一对犬齿形牙齿，它们可能是植食性或杂食性恐龙。在孔子天宇龙的化石上，颈部、背部、尾巴都有类似鬃毛痕迹，其中尾部的毛状痕迹最长，约6厘米。这些毛状结构物呈细管状，彼此平行，没有分叉，内部中空。在毛状结构上，孔子天宇龙与有羽毛的兽脚类恐龙，如中华龙鸟和北票龙的羽毛最为相似。鸟臀目的管状毛与兽脚类的原始羽毛是否同源，目前尚无定论。

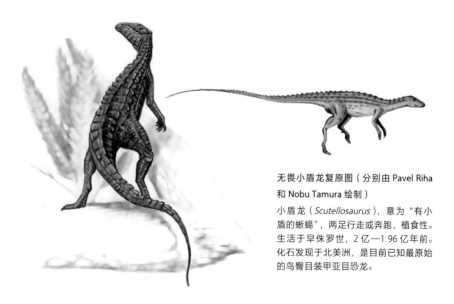

无畏小盾龙复原图（分别由 Pavel Riha 和 Nobu Tamura 绘制）

小盾龙（*Scutellosaurus*），意为"有小盾的蜥蜴"，两足行走或奔跑，植食性。生活于早侏罗世，2亿—1.96亿年前。化石发现于北美洲，是目前已知最原始的鸟臀目装甲亚目恐龙。

🪐 10.3
五大类鸟臀目恐龙

鸟臀目恐龙依据不同的特征，分为剑龙下目、甲龙下目、鸟脚下目、肿头龙下目和角龙下目五类。

鸟臀目剑龙类（下目）恐龙

剑龙下目是一类植食性恐龙，生活在侏罗纪至早白垩世。化石大多发现于北半球，尤其是北美洲和中国。体长 3 ~ 9 米，四足行走，头部长而狭窄，脖子较短，背部高高弓起，有成排的骨板，尾部有用于防卫的尾刺。著名的剑龙下目恐龙有剑龙、华阳龙、沱江龙、嘉陵龙、乌尔禾龙、巨刺龙、钉状龙等。

剑龙生态复原图

沱江龙生态复原图

沱江龙（*Tuojiangosaurus*），属剑龙下目，生活于侏罗纪晚期。化石发现于中国四川省大山铺镇。身长约7米，臀高2米，重约4吨，体型比剑龙小。

图 ❶：沱江龙的头骨和尾椎骨化石

图 ❷：多棘沱江龙骨架

图 ❸：狭脸剑龙骨骼

剑龙（*Stegosaurus*），属剑龙下目，四足行走，植食性，是最著名的恐龙之一。剑龙生活在侏罗纪晚期，1.5亿—1.45亿年前。化石发现于北美洲和欧洲。剑龙身长约9米，高4米，体重2～4吨。剑龙与巨型蜥脚类恐龙，如梁龙、圆顶龙、迷惑龙等植食性恐龙，共同生活于同一时代和地区。

图 ❹：腿龙科复原图

腿龙科（Scelidosauridae），是鸟臀目装甲亚目的一科，生活于侏罗纪早期，化石发现于亚洲、欧洲和北美洲。

巨刺龙生态复原图

巨刺龙（*Gigantspinosaurus*），意为"有巨大棘刺的蜥蜴"，是一类生活于晚侏罗世的剑龙类恐龙。化石发现于中国四川省自贡市。巨刺龙的身长约 4.2 米，体重约 700 千克。巨刺龙的明显特征是相当小的骨板与大型肩刺，肩刺约为肩胛骨的两倍长。颈部骨板小，呈三角形。头部相对较大，下颌每边约有 30 颗牙齿。臀部宽广，四节荐椎与第一节尾椎的下方尖刺愈合成一块骨板。前肢粗壮。

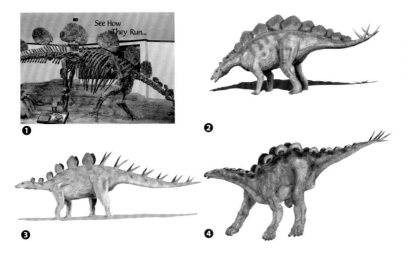

❶ ❷ ❸ ❹

图 ❶❷：西龙骨架及复原图

西龙（*Hesperosaurus*），属剑龙下目，植食性恐龙，生活于约 1.5 亿年前晚侏罗世。化石发现于美国怀俄明州。西龙是一类典型的剑龙类恐龙，背部有交互的装甲，及尾巴上有四根尖刺。它的背部装甲不比剑龙的高，但较长。头颅骨较剑龙的短、宽，与锐龙最为相似。

图 ❸：嘉陵龙复原图（Nobu Tamura）

嘉陵龙（*Chialingosaurus*），属剑龙下目，植食性恐龙，是最早的剑龙类之一。生活于约 1.6 亿年前晚侏罗世。化石发现于中国四川的上沙溪庙组，嘉陵龙可能以当时最丰富的蕨类及苏铁植物为食物。身长约 4 米，体重约 150 千克，较其他晚期剑龙类小。

图 ❹：平坦乌尔禾龙复原图

乌尔禾龙（*Wuerhosaurus*），属剑龙下目，是少数存活到白垩纪早期的剑龙类恐龙。身长约 6 米。与其他剑龙科成员相比，乌尔禾龙的特点是背部骨板较圆、较平坦，有尾刺。

钉状龙复原图

米拉加亚龙复原图

米拉加亚龙（*Miragaia*），属剑龙下目，生活于1.5亿年前的晚侏罗世。化石发现于葡萄牙，是欧洲发现的第一个剑龙类。米拉加亚龙是脖子最长的剑龙类恐龙，颈椎17节，颈长仅次于梁龙类。米拉加亚龙口鼻部前端缺少牙齿，颈部和背部长有两排三角形骨板，尾部上长有两排骨刺。

华阳龙复原图（Nobu Tamura）

华阳龙（*Huayangosaurus*），属剑龙下目，四足行走，植食性。生活于侏罗纪中期，约1.65亿年前。化石发现于中国四川省自贡大山铺镇。比其北美洲著名近亲剑龙属早约2000万年。身长约4.5米，远比剑龙小，是已知最小的剑龙类之一。华阳龙与蜥脚类恐龙，如蜀龙、酋龙、峨眉龙、原颌龙，以及鸟脚类恐龙，还有肉食性气龙，生活在同一时期、同一地区。华阳龙头部小，背部拱起，有双排垂直的骨板，尾巴末端有两对尾刺。华阳龙的背甲较尖、较细。

钉状龙骨架模型（柏林自然历史博物馆）

钉状龙（*Kentrosaurus*），又名肯氏龙，为剑龙科（Stegosauridae）的一属，植食性恐龙。生存年代为晚侏罗世，1.557亿—1.508亿年前。化石发现于坦桑尼亚。钉状龙与北美洲的剑龙是近亲，但是体型大小、身体灵活度和防御用的骨板形状不同。钉状龙的后背到尾巴分布着尖刺，而非骨板。肩膀或臀部两侧可能有尖刺。钉状龙体长较剑龙小，约4米多，体重约320千克。

钉状龙可能被类似异特龙与角鼻龙的兽脚类恐龙所猎食。钉状龙可左右挥动其有尖刺的尾巴来防御攻击，而钉状龙臀部两侧的尖刺也可保护它们免受攻击。

钉状龙与剑龙最主要的区别在于，剑龙缺乏臀部与尾巴连接处附近的一对显著的尖刺。钉状龙的股骨长度与腿的其他部分相比，显示其行动缓慢。钉状龙可能用后腿直立起来吃食树叶、树枝，但常呈四足状态。

鸟臀目甲龙类（下目）恐龙

　　甲龙下目是一类体形庞大的四足植食性恐龙，四肢短而强壮，牙齿细弱。最明显特征是身体布满骨质的装甲，身体低矮，腹部离地面不足 1米。它们首次出现于早侏罗世的中国，并存活到了白垩纪末期。除非洲外，它们几乎分布于其余各大洲。著名的甲龙下目恐龙有中原龙、棘甲龙、活堡龙、包头龙、天镇龙、埃德蒙顿甲龙、敏迷龙等。

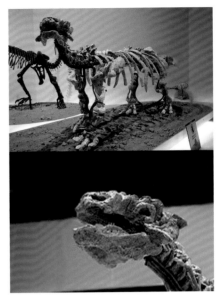

天镇龙骨骼
天镇龙（*Tianzhenosaurus*），属甲龙下目，生活于晚白垩世。化石发现于中国山西省大同市天镇县。体形中等，头颅长 28 厘米，身长 4 米。

中原龙生态复原图
中原龙（*Zhongyuansaurus*），属甲龙下目，生活于白垩纪早期。化石发现于中国河南省洛阳市。中原龙的特征是头部顶部平坦，坐骨笔直。

棘甲龙复原图（Karkemish）
棘甲龙（*Acanthopholis*），属甲龙下目结节龙科，四足行走，植食性。生活于白垩纪晚期的英格兰，1.13 亿—1 亿年前。棘甲龙的鳞甲由椭圆形甲片组成，水平地排列于皮肤上，在颈部、肩膀有尖刺伸出，沿脊椎排列。身长 3 ~ 5.5 米，体重近 380 千克。

包头龙骨架、尾锤及生态复原图

包头龙（*Euoplocephalus*），又名优头甲龙，是最大型的甲龙下目甲龙科恐龙之一，植食性。生活于晚白垩世，8500万—6500万年前。化石发现于北美洲。在甲龙下目中，包头龙背部有尖刺鳞甲，尾端有巨大的尾锤。体长6米，体重3吨。它嗅觉灵敏，四肢灵活，可用作挖掘坑洞。由于牙齿很小，故只能吃低矮的植物及浅埋的根茎。

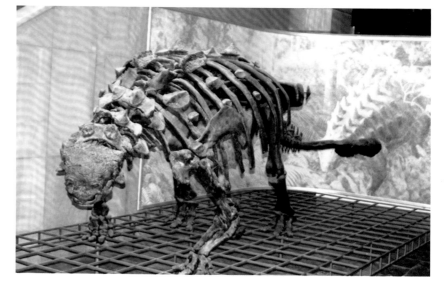

甲龙生态复原图

甲龙（*Ankylosaurus*），属甲龙下目。生活于白垩纪末期，6650万—6550万年前。化石发现于北美洲西部。体长6.25米，宽1.50米，高1.70米，体重约2吨。甲龙身上披有厚厚的鳞片，背上有两排刺，头顶有一对角，有大的尾锤。

活堡龙化石及复原图（Conty）

活堡龙（*Animantarx*），属甲龙下目结节龙科，四足行走，植食性。生活于晚白垩世的北美洲，1.06亿—0.97亿年前。行动缓慢，背部有重装甲盾板，没有尾锤。头颅骨约25厘米长，身长接近3米。

敏迷龙复原模型（堪培拉国立恐龙博物馆）

敏迷龙复原图

敏迷龙（*Minmi*），是种小型甲龙下目恐龙，身长约 2 米，肩膀高约 1 米。生存于早白垩世，1.19 亿—1.13 亿年前。化石发现于澳洲昆士兰州罗马镇附近的邦吉尔组。敏迷龙是最原始的甲龙类恐龙，也是第一类发现于南半球的甲龙类恐龙。敏迷龙拥有长四肢，后肢长于前肢、宽头颅、短颈部，以及非常小的脑部。敏迷龙可能是四足缓慢行走。

埃德蒙顿甲龙复原图（Mariana Ruiz）

埃德蒙顿甲龙（*Edmontonia*），属甲龙下目结节龙科，生活于晚白垩世。化石发现于加拿大艾伯塔省的埃德蒙顿。体型巨大，类似坦克。身长约 6.6 米，高约 2 米。它们的口鼻部狭窄，缺乏牙齿，喙状嘴可用来切碎植物。

鸟臀目鸟脚类（下目）恐龙

鸟脚下目恐龙生活在侏罗纪早期到白垩纪晚期。早期的鸟脚类是小型、两足、快速奔跑的植食性恐龙；后期的鸟脚类则是大型的四足恐龙，典型的特征是嘴部呈鸭嘴状。著名的鸟脚类恐龙有灵龙、原巴克龙、禽龙、南阳龙、兰州龙、卡戎龙、慈母龙、埃德蒙顿龙、大鸭龙、巴思钵氏龙、奇异龙、帕克氏龙、青岛龙和山东龙等。

原巴克龙骨骼化石

原巴克龙复原图（Deibvort）
原巴克龙（*Probactrosaurus*），是早期禽龙类鸭嘴龙超科恐龙，生活于早白垩世的中国。体长 6 米，体重 1 吨，植食性。

巨齿兰州龙骨骼化石及复原图
兰州龙（*Lanzhousaurus*），是鸟脚下目禽龙类恐龙，生活于早白垩世。化石发现于中国甘肃。牙齿巨大，最大齿长 14 厘米，宽 7.5 厘米，体长约 10 米，高约 4.2 米，体重 5.5 吨，四足行走或偶尔两足行走。兰州龙是目前发现的世界上牙齿最大的植食性恐龙。

灵龙复原图（Arthur Weasley）
灵龙（*Agilisaurus*），属鸟臀目鸟脚下目棱齿龙科，生活于侏罗纪中期，化石发现于东亚，因骨骼轻盈和长脚而得名。胫骨比股骨长，善于双足奔跑，长尾巴作平衡。它觅食时四足行走。它是小型的植食性恐龙，身长约 1.2 米，与其他鸟臀目恐龙一样，它的上下颌前端形成喙嘴，可以帮助切碎植物。

禽龙骨骼化石及复原图（Nobu Tamura）

禽龙（*Iguanodon*），意为"鬣蜥的牙齿"，属鸟臀目鸟脚下目禽龙类。生活于白垩纪早期，1.26 亿—1.25 亿年前。化石发现于欧洲。大型植食性动物，身长约 10 米，高 3～4 米，前手拇指有一尖爪，可能用来抵抗掠食动物或是协助进食。禽龙牙齿化石发现于 1825 年，禽龙是最早被命名的恐龙之一。

南阳龙复原图

南阳龙（*Nanyangosaurus*），属鸟脚下目鸭嘴龙超科，生活于早白垩世。化石发现于中国河南省南阳市。南阳龙是一种进化的禽龙类，后来演化出真正的鸭嘴龙类。体长 4～5 米，股骨长 51.7 厘米。前肢相当长，具有长手掌。没有发现其手掌的第一指、第一掌骨，有可能没有保存下来。

山东龙复原图

山东龙（*Shantungosaurus*），意为"山东蜥蜴"，属鸟脚下目鸭嘴龙科，生活于晚白垩世。化石发现于中国山东半岛。山东龙是目前已知最大、最长的鸭嘴龙科恐龙之一。头部平坦。身长 14.72 米，头颅骨长 1.63 米，重约 16 吨。

山东龙骨骼化石

大鸭龙复原图

大鸭龙（*Anatotitan*），又名大鹅龙，属鸟脚下目，植食性，生活在白垩纪晚期的北美洲。体长 12.2 米，头上没有顶饰。大鸭龙是十分机敏的动物，依靠其发达的视力、听力和嗅觉，能逃过大部分猎食者的追捕。

两具科氏大鸭龙骨架模型（纽约美国自然历史博物馆）

成年慈母龙骨架（布鲁塞尔皇家比利时自然历史博物馆）

慈母龙及其蛋巢复原图（加拿大自然博物馆）

在巢中的慈母龙未成年体（哥本哈根科学中心）

慈母龙（Maiasaura），属鸟脚下目大型鸭嘴龙类恐龙。生活于晚白垩世，约7400万年前。化石发现于美国蒙大拿州。慈母龙体型大，身长6～9米，体重约4吨，具有典型鸭嘴龙科的平坦喙状嘴。慈母龙群居生活，慈母龙把恐龙蛋生在自己的窝里，并且照看自己的孩子，慈母龙蛋的形状像柚子。成年恐龙可能用柔软的植物垫在窝底。雌慈母龙在垫好的窝内产18～40枚硬壳的蛋，并在窝旁保护着蛋，以免它们被其他恐龙偷走。雌慈母龙可能卧在蛋上孵化，当它离开觅食时，由其他成年慈母龙看护着恐龙蛋。当小慈母龙被孵化后，它们的父母会共同照顾这些小慈母龙，并喂给它们食物。慈母龙父母可能先将坚硬的植物嚼碎，然后再喂给小恐龙。

西风龙复原图

西风龙（Zephyrosaurus），属鸟脚下目棱齿龙科。生活于早白垩世，1.25亿—1亿年前。化石发现于美国蒙大拿州卡本县。西风龙是小型敏捷、两足、植食性恐龙，可能也是穴居动物。

卡戎龙复原图

卡戎龙（Charonosaurus），属鸟脚下目鸭嘴龙科恐龙。生活于晚白垩世，7000万—6500万年前。化石发现于中国黑龙江南岸。身长13米，全身褐色，重约7吨。它常用四足走路，但也可以用更长的、更有力的后腿奔跑。头顶的冠是一根长而中空的管状骨头，震动发声，如低音长号，这种声音可以向其同伴传递信息。

帕克氏龙复原图（Steveoc）

帕克氏龙（Parksosaurus），属鸟脚下目棱齿龙科。生活于白垩纪末期，约7000万年前。化石发现于加拿大艾伯塔省。小型两足、植食性恐龙。身长约2.5米，体重约45千克。

埃德蒙顿龙骨骼化石

埃德蒙顿龙复原图（Nobu Tamura）

埃德蒙顿龙（*Edmontosaurus*），又译爱德蒙托龙，属鸭嘴龙科。生活于晚白垩世，7300万—6500万年前。化石发现于加拿大艾伯塔省埃德蒙顿，并以此命名。成年的埃德蒙顿龙体长可达 13 米，体重约 4 吨，是最大的鸭嘴龙科恐龙之一。

漠视奇异龙复原图（Nobu Tamura）

奇异龙（*Thescelosaurus*），属鸟脚下目。生活于白垩纪末期的北美洲，是白垩纪末期生物大灭绝事件前的最后恐龙之一。奇异龙的完整标本与良好保存状况，显示它们可能生活于接近河流的地区。奇异龙是两足、植食性恐龙，身长 2.5 ~ 4 米。它们有健壮的后肢、小而宽的手掌、长而尖的口鼻部，身体背部中线可能有小型鳞甲。奇异龙被认为是一种特化的棱齿龙类。

青岛龙骨骼化石及复原图（ДИБГД）

青岛龙（*Tsintaosaurus*），属鸟脚下目禽龙类鸭嘴龙科，植食性。生活于晚白垩世。化石发现于中国。身长约 10 米，高 3.6 米，重约 3 吨。拥有类似鸭的口鼻部，以及强壮的齿系。头顶有长刺般的头冠，类似独角兽。通常四足行走，但也可用两足方式逃离掠食动物。如同其他鸭嘴龙类，青岛龙可能以群体方式共同生活。

鸟臀目角龙类（下目）恐龙

　　角龙下目是一类植食性恐龙，具有类似鹦鹉的喙状嘴，生活于白垩纪的北美洲与亚洲。它们的祖先出现于侏罗纪晚期。早期物种是小型、两足恐龙，较晚期的物种为体型非常大的四足恐龙，最显著的特征是脸部长出角状物及颈部头盾。头盾可能用来保护容易受伤的颈部，免被猎食恐龙攻击。著名的角龙类恐龙有朝阳龙、朝鲜角龙、鹦鹉嘴龙、辽宁角龙、中国角龙、原角龙、双角龙、尖角龙、古角龙、始三角龙、安德萨角龙、尖角龙、弱角龙、恶魔角龙、戟龙、彼得休斯角龙等。

查尔斯·耐特描述的奇迹龙复原图（Charles R. Knight）

奇迹龙（*Agathaumas*），属角龙下目角龙科。生活于晚白垩世，7000 万—6500 万年前，化石发现于美国怀俄明州。

鹦鹉嘴龙生态复原图

鹦鹉嘴龙（*Psittacosaurus*），又译鹦鹉龙，属角龙下目鹦鹉嘴龙科，植食性。生活于早白垩世，1.3 亿—1.1 亿年前。鹦鹉嘴龙和原角龙、三角龙等恐龙的嘴像鹦鹉喙一样。科学家认为鹦鹉嘴龙可能是大部分角龙类恐龙的祖先。化石发现于中国辽宁西部，以及蒙古国、俄罗斯、泰国等地。成年的鹦鹉嘴龙最长可达 1.5 米，一般体长 1米左右，特征是上颌具有高而强壮的喙状嘴，有管状羽毛。

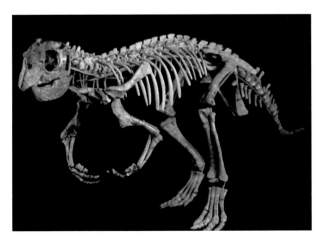

鹦鹉嘴龙骨架及复原图

朝鲜角龙复原图

朝鲜角龙（*Koreaceratops*），又名韩国角龙，属基础角龙下目。生活于白垩纪早期，约 1.03 亿年前，是半水生恐龙，化石发现于韩国。

辽宁角龙复原图（Nobu Tamura）

辽宁角龙（*Liaoceratops*），属早期的角龙下目。生活于早白垩世，约 1.3 亿年前。化石发现于中国辽宁省。大小接近体形较大的狗，是一种四足行走的动物，以植物为食。

朝阳龙复原图

朝阳龙（*Chaoyangsaurus*），属角龙下目，植食性。生活于晚侏罗世，1.508 亿—1.455 亿年前。它有像鹦鹉般的喙，化石发现于中国辽宁朝阳市，主要分布于北美洲与亚洲白垩纪。

大岛氏古角龙复原图（Nobu Tamura）

古角龙（*Archaeoceratops*），属角龙下目古角龙科，是基础新角龙类恐龙，生活于晚白垩世。化石发现于中国甘肃省马鬃山地区。古角龙是小型的双足恐龙，身长约 1 米。古角龙的头盾小，没有角。

安氏原角龙骨架模型及复原图

原角龙（*Protoceratops*），属角龙下目原角龙科，生活于晚白垩世。化石发现于蒙古国。原角龙科是一群早期冠饰角龙类，体型较小，接近绵羊。缺乏发育良好的角状物。身长 1.5～2 米，它们有大型头盾，可能用来保护颈部，颌部肌肉附着于头盾，用来辨认同类。

双角龙头骨化石及复原图

双角龙（*Nedoceratops*），属角龙下目角龙亚科，植食性，生活于晚白垩世。化石发现于北美洲。以当时的优势植物如蕨类、苏铁、针叶树为食。它们可能使用锐利的喙状嘴咬下树叶（含针叶）。

始三角龙头骨化石及复原图（Nobu Tamura）

始三角龙（*Eotriceratops*），属角龙下目角龙科。生活于晚白垩世，约 6760 万年前。化石发现于加拿大艾伯塔省南部。头骨长约 3 米，其身长可能有 12 米。

尖角龙头骨化石及复原图（Ladyof Hats）

尖角龙（*Centrosaurus*），属角龙下目角龙科，植食性。生活于晚白垩世，7650万—7550万年前。化石发现于加拿大艾伯塔省。体长6米，鼻端有一大型鼻角。

安德萨角龙复原图（Nobu Tamura）

安德萨角龙（*Udanoceratops*），又名峨丹角龙，属角龙下目。生活于晚白垩世，约8350万年前。化石发现于北美洲和亚洲。体长4.5米，以蕨类、苏铁和针叶树为食。

中国角龙复原图（Nobu Tamura）

中国角龙（*Sinoceratops*），属角龙下目角龙科，植食性。生活于晚白垩世，约7000万年前。化石发现于中国山东省诸城。体长6～7米，头长约2米，体重5～6吨。

弱角龙头骨化石

弱角龙复原图（Nobu Tamura）

弱角龙（*Bagaceratops*），又名巴甲角龙，属角龙下目弱角龙科，生活于晚白垩世，约 8000 万年前。化石发现于蒙古国。其具有原始角龙类的特征与体型，约 1 米长，0.5 米高，体重约 22 千克。与近亲原角龙相比，弱角龙头盾较小，缺乏洞孔，头颅骨更接近三角形。弱角龙具有喙嘴，鼻部有小型突起物，但没有额角。

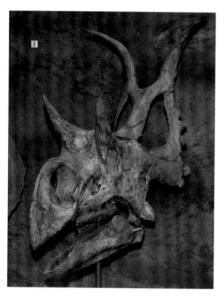

恶魔角龙头骨化石

恶魔角龙复原图（Nobu Tamura）

恶魔角龙（*Diabloceratops*），属角龙下目角龙科，生活于白垩纪晚期的北美洲。头盾上端具有两根向外弯曲的角，外形类似恶魔的角。体长 5 米，身高 2 米，面部长有大小不同的 26 只角，顶角约 60 厘米，鼻角约 30 厘米。恶魔角龙是最早期的尖角龙亚科之一，它的发现有助于古生物学家了解早期角龙科的演化关系。

奥伊考角龙复原图（Nobu Tamura）

奥伊考角龙（*Ajkaceratops*），属角龙下目。生活于晚白垩世，8600 万—8400 万年前。化石发现于欧洲。奥伊考角龙类似于亚洲的弱角龙和巨嘴龙，它们的祖先可能借多个群岛从亚洲迁徙而来。

戟龙复原图及生态复原图

戟龙（*Styracosaurus*），又名刺盾角龙，属角龙下目。生活于晚白垩世，7650万—7500万年前。头盾上有4或6个长角，两颊各有一个较小的角，以及一个从鼻部延伸出的角。为大型恐龙，身长约5.5米，身高约1.8米，重约3吨，四肢短，身体笨重，尾巴相当短。有喙状嘴及平坦的颊齿，应是植食性恐龙。戟龙可能是群居动物，多与鸭嘴龙、三角龙、厚鼻龙、尖角龙、腕龙等植食恐龙共栖，以大群体方式迁徙。

戟龙骨架模型与头部骨架正面图（加拿大自然史博物馆）（Ladyof Hats）

彼得休斯角龙生态复原图

彼得休斯角龙（*Regaliceratops peterhewsi*），属角龙下目，种名源自于化石发现者彼得休斯。生活在晚白垩世，约 6800 万年。化石发现于加拿大阿尔伯塔省东南部奥德曼河畔的悬崖上。它与众不同，鼻部的角更高，眼睛上方也各有一个角，在许多方面与三角恐龙相似。最大的区别特征是褶边，犹如一个向外延伸的巨大五角形平板光环。它是三角恐龙的近亲。

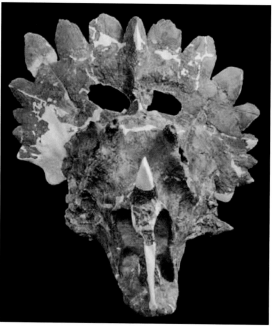

彼得休斯角龙头骨化石

鸟臀目肿头龙类（下目）恐龙

　　肿头龙下目又称厚头龙下目，希腊语的意思是"有厚头的蜥蜴"。大多数已知的肿头龙类生活在晚白垩世的北美洲和亚洲。肿头龙是一类奇特的鸟臀类恐龙，以加厚的头盖骨为特征。实际上，不同类别的恐龙具有各不相同的头饰，但一般来说头盖骨的厚度与它们的身体大小成正比。肉食性恐龙的头骨较厚，植食性恐龙的头骨较薄。肿头龙类全是两足行走、植食性或杂食性恐龙，但却具有较厚的头颅骨。有些肿头龙的头颅骨呈圆丘状，顶部有近10厘米厚，其他的头部则是呈平坦或楔状。关于肿头龙类厚头颅骨的功能目前还存在争议。著名的有肿头龙、阿拉斯加头龙、龙王龙、平头龙等。

肿头龙骨骼及头颅化石

肿头龙生态复原图

肿头龙（*Pachycephalosaurus*），也称厚头龙，属肿头龙下目肿头龙科，生活于白垩纪晚期，7000万—6500年前。化石发现于美国。肿头龙是两足行走、植食性或杂食性恐龙，是目前已知最大型的厚头龙类，身长约4.5米，重量可达450千克。后肢长，前肢小，颅顶厚，头顶肿大，好像长着一个巨瘤，用两条粗壮的后腿走路。

龙王龙骨架模型（美国印第安纳儿童博物馆）

龙王龙复原图（Nobu Tamura）

龙王龙（*Dracorex*），属肿头龙下目，生活于晚白垩世的北美洲。它可能是肿头龙的幼体。

平头龙复原图（Funk Monk）

平头龙（*Homealocephale*），属肿头龙下目。生活于晚白垩世，约 8000 万年前，化石发现于蒙古国。平头龙是植食性恐龙，身长约 1.8 米。

阿拉斯加头龙复原图（Karkemish）

阿拉斯加头龙（*Alaskacephale*），属肿头龙下目。生活于晚白垩世，8000 万—7400 万年前。化石发现于美国阿拉斯加州。

🪐 10.4
蜥臀目恐龙

蜥臀目又称龙盘目或蜥盘目，因其骨盆构造类似于蜥蜴而得名，最早出现在三叠纪晚期。除演化为鸟类的兽脚类分支外，其他蜥臀类恐龙因白垩纪末期生物大灭绝事件而灭绝。

蜥臀目恐龙依据其特征，分为蜥脚形亚目和兽脚亚目两类。

最原始的蜥臀目恐龙

原始蜥臀目恐龙的特征是体型较小，双足，杂食性，分类位置不定。它们的前肢可以捕食猎物，后肢强壮直立，可以奔跑。代表性的原始蜥臀目有始盗龙、艾沃克龙、钦迪龙等。

始盗龙（*Eoraptor*）是地球上出现的第一只恐龙，它的诞生拉开了恐龙进化的序幕，开始了恐龙统治地球长达近 1.7 亿年的历史。

始盗龙可能是蜥臀目恐龙的直接祖先，生活在 2.34 亿年前的南美洲阿根廷北部地区，体形小巧，两足行走，并拥有善于捕抓猎物的短小前肢，其长度只是后肢的一半，前肢都有五指，甚至可以捕获与其体形相当的猎物。始盗龙手臂、腿部的骨骼薄而中空，有利于降低体重，所以善于奔跑。始盗龙同时有着肉食性及草食性的锯齿状牙齿，所以它有可能是杂食性动物。

钦迪龙复原图

钦迪龙生态复原图

钦迪龙（*Chindesaurus*），又名庆迪龙。它具有多种蜥臀目演化分支的特征。生活于三叠纪晚期，2.25亿—2.16 亿年前。化石发现于美国亚利桑那州的化石森林国家公园。身长约 2.4 米，体重约 30 千克。

艾沃克龙复原图

艾沃克龙（*Alwalkeria*），是原始蜥臀目恐龙，生活于三叠纪晚期的印度。小型双足杂食性恐龙。它与始盗龙相似，吃昆虫、小型的脊椎动物及植物等。

始盗龙复原图（Conty）

始盗龙骨骼化石及生态复原图

始盗龙，身体小巧，成年后身长约1米，体重约10千克。站立时靠脚掌中间的3根脚趾来支撑体重。上肢中最长的三根手指都有爪，用来捕捉猎物。

10.5
蜥臀目蜥脚形亚目恐龙

　　蜥脚形亚目，拉丁文意思是"蜥蜴般的脚"，分为原蜥脚下目和蜥脚下目。该类恐龙都是植食性恐龙，最早出现在晚三叠世，约2.3亿年前，并在6500万年前的白垩纪末期生物大灭绝事件中全部灭绝。

　　早期的蜥脚形类恐龙个体较小，体长一般只有几米，大多数是两足行走；随着体形增大，脖子明显变长，但头部很小，具有长长的尾巴以保持身体平衡，都是四足行走，具有5个脚趾，靠吞食石块来磨碎坚硬的植物，帮助消化。

原蜥脚下目恐龙

　　原蜥脚下目为早期的植食性恐龙，生活于中三叠世到早侏罗世，2.3亿—1.7亿年前。特点是小型头部，长颈部，前肢较后肢短，有非常大的拇指尖爪可用来防卫。大多是半两足动物，极少是完全四足动物，著名的原蜥脚下目恐龙有滥食龙、黑水龙、板龙、鞍龙、里澳哈龙、槽齿龙、大椎龙、地爪龙、云南龙、禄丰龙等。

板龙骨骼化石及生态复原图

板龙（*Plateosaurus*），属蜥脚形亚目原蜥脚下目。板龙生活于晚三叠世，2.16亿—1.99亿年前。化石发现于欧洲。板龙是最早被命名的恐龙之一。体积庞大，体长7米。两足，植食性，拥有小头部，长颈部，锐利的牙齿，强壮的四肢，以及大型拇指尖爪，这些尖爪可能用来防卫与帮助进食。后肢2倍于前肢。

古槽齿龙复原图（Arthur Weasley）

槽齿龙（*Thecodontosaurus*），属蜥脚形亚目原蜥脚下目。生活于晚三叠世，2.16 亿—2 亿年前。化石大部分发现于南英格兰与威尔士。两足，植食性，平均身长为 1.2 米，高度约 30 厘米，体重约 30 千克。它们拥有小型头部，大型拇指尖爪，修长的后肢，长颈部，前肢比后肢短，长尾巴。槽齿龙前掌有 5 个手指，后脚掌有 5 个脚趾。槽齿龙牙齿呈叶状，有锯齿状边缘，位于齿槽内。

地爪龙复原图

地爪龙（*Aardonyx*），属原蜥脚下目，生活于侏罗纪早期。化石发现于南非。其前肢有许多介于原蜥脚类、蜥脚类恐龙的特征。地爪龙平常以两足方式行走，也可用四足方式前行，类似于禽龙。

云南龙复原图（Arthurs Weasley）

云南龙（*Yunnanosaurus*），属原蜥脚下目，生活于侏罗纪早期到中期。化石发现于中国云南。云南龙是存活时间最长的原蜥脚下目恐龙之一。云南龙与禄丰龙有接近亲缘关系。它最大的一种身长可达 7 米，高度为 2~3 米。

黑水龙复原图（Funk Monk）

黑水龙（*Unaysaurus*），属蜥脚形亚目原蜥脚下目，植食性。生活于晚三叠世，2.25 亿—2 亿年前。化石发现于巴西南部，是已知最古老的恐龙之一，与在德国发现的板龙为近亲，显示三叠纪时期的动物可轻易地跨越联合古陆。黑水龙相当小，身长约 2.5 米，身高 70 ~ 80 厘米，体重约 70 千克。并以两足方式行走。

里奥哈龙复原图（Deivid）

里奥哈龙（*Riojasaurus*），属原蜥脚下目，植食性，生活于晚三叠世。化石发现于南美洲的阿根廷里奥哈省。身长约 10 米。

鞍龙复原图（Nobu Tamura）

鞍龙（*Sellosaurus*），属原蜥脚下目，植食性。生活于晚三叠世，2.25 亿年前。化石发现于欧洲。身长约 7 米，高度约 2.1 米，重量约 900 千克。如同其他原蜥脚类恐龙，鞍龙也有拇指指爪，可能用来自我防御，或是捡取食物。其外表类似板龙。

大椎龙复原图（Nobu Tamura）

大椎龙（*Massospondylus*），又名巨椎龙，属原蜥脚下目，植食性。生活于早侏罗世，2亿—1.83亿年前。化石发现于南非、莱索托以及赞比亚等地。身长4～6米，具有长颈部，长尾巴，小型头部，以及修长的身体。大椎龙的前肢具有锐利的拇指指爪，可能用来防卫或协助进食。

鼠龙复原图

鼠龙（*Mussaurus*），属原蜥脚下目，植食性。鼠龙是种非常早期的恐龙，生活于晚三叠世，约2.15亿年前，化石发现于阿根廷南部。成年个体的身长可达3米，重量约70千克。

巨型禄丰龙复原图（Debivort）

禄丰龙（*Lufengosaurus*），属原蜥脚下目，植食性。生活于侏罗纪早期，约1.9亿年前。化石发现于中国云南禄丰。禄丰龙身体结构笨重，身长约9米，体重约1.7吨。

大椎龙骨架（伦敦自然历史博物馆）

滥食龙复原图（Nobu Tamura）

滥食龙（*Panphagia*），属蜥脚形亚目原蜥脚下目。生活于三叠纪中期，约2.314亿年前，是已知生活年代最早的恐龙之一。化石发现于南美洲的阿根廷。滥食龙可能是杂食性恐龙，是肉食性兽脚类恐龙与植食性蜥脚形恐龙之间的过渡物种。

巨型禄丰龙骨架模型（北京自然博物馆）

火山齿龙复原图（Bardrock）

火山齿龙（Vulcanodon），属早期蜥脚下目，植食性。生活于早侏罗世，2 亿—1.96 亿年前。化石发现于非洲南部，体型较小，身长约 6.5 米。

棘刺龙化石

蜥脚下目恐龙

　　蜥脚下目恐龙最早出现于晚三叠世，约 2.28 亿年前，繁盛于侏罗纪至白垩纪，2 亿—7000 万年前。均为植食性，四足行走，体型巨大，具有小型头部、长颈部和长尾巴，以及粗壮四肢和 5 个脚趾，是目前陆地上出现过的最大动物，如巴塔哥泰坦龙，体长近 40 米，体重达 77 吨。著名的蜥脚下目恐龙还有火山齿龙、巨脚龙、棘刺龙、蜀龙、峨眉龙、克拉美丽龙、圆顶龙、腕龙、地震龙、超龙、阿根廷龙、梁龙、重龙、迷惑龙、叉龙、巧龙、马门溪龙、盘足龙、星牙龙、极龙、桥湾龙等。

　　根据最新研究，蜥脚类恐龙体型特别巨大除满足高生长速率和长生长周期两个必要条件外，蜥脚类恐龙还有如下优势特征：一是缺乏牙齿，所以头颅变得更小，颈部变得更长，能够不动地方就能够吃到更多的食物；二是因为无咀嚼能力且具有强大的胃磨功能，吃进去的食物在肠道中滞留更长时间，便于营养的充分吸收；三是因中轴骨骼广泛气腔化，有双重呼吸功能，便于充分利用吸入的氧气；四是心脏进化出四个腔室，可以保持体温恒定，使蜥脚类恐龙兼具幼年高基础代谢率与成年低基础代谢率特性。

棘刺龙复原图（Nobu Tamura）

棘刺龙（Spinophorosaurus），属蜥脚下目。生活于侏罗纪中期或更早期，1.72 亿—1.65 亿年前。化石发现于非洲的尼日利亚。身长约 13 米，具有某些进阶型特征，类似蜀龙、马门溪龙科。

天府峨眉龙骨架

峨眉龙（*Omeisaurus*），属蜥脚下目，植食性。生活于侏罗纪中晚期，1.67 亿—1.61 亿年前。化石发现于中国四川省。体型中等，身长 10 ～ 15.2 米，高约 4 米，重约 4 吨。峨眉龙的颈部长，颈椎数量多达 17 节。它们可能是该时期中国最常见的蜥脚类恐龙，可能与沱江龙、重庆龙等植食性恐龙生活在同一地区，都是以群体方式生活。

蜀龙化石

蜀龙（*Shunosaurus*），是独特的蜥脚下目恐龙。生活于中侏罗世，1.7 亿—1.61 亿年前。化石发现于中国四川省。蜀龙的身长约 9.5 米，体重约 3 吨。蜀龙的颈部短，显示它们以低矮植被为食。蜀龙与峨眉龙、原颌龙、晓龙、华阳龙、气龙共同生活于同一地区。

蜀龙复原图（Arthur Weasley）

天府峨眉龙复原图

巨脚龙复原图

巨脚龙（*Barapasaurus*），又名巴拉帕龙或巨腿龙，是已知最早的蜥脚下目恐龙之一，植食性。生活于侏罗纪早期，1.896 亿—1.765 亿年前。化石发现于印度。这种恐龙又大又笨，四肢像柱子，可以支撑身体。牙齿像锯齿，便于咬碎食物。巨脚龙身长约 14 米，体重约 13 吨，它的臀部高约 4.5 米。

欧罗巴龙骨架模型

欧罗巴龙生态复原图（Debivort）

欧罗巴龙（*Europasaurus*），属蜥脚下目，是体形矮小的四足植食性恐龙。生活于晚侏罗世，1.56 亿—1.51 亿年前。化石发现于德国北部。

地震龙生态复原图

地震龙（*Seismosaurus*），蜥脚下目梁龙科梁龙属，是巨大的植食性恐龙之一。生活于侏罗纪晚期，1.54 亿—1.44 亿年前。化石发现于美国新墨西哥州。地震龙是梁龙属的一个大型种，身长约 32 米，体重 22 ~ 27 吨，小于它们的近亲超龙。

圆顶龙第一副完整骸骨化石

圆顶龙生态复原图（Dmitry Bogdanov）

圆顶龙（Camarasaurus），属蜥脚下目，是四足植食性恐龙。生活于晚侏罗世，1.55亿—1.45亿年前。化石发现于北美洲。成年体长约20米，体重30吨。它们可能是异特龙的猎物。圆顶龙是群居动物，它们不做窝，边走边生蛋，生出的恐龙蛋形成一条线，并且不照看小恐龙。圆顶龙吃蕨类植物和松树的叶子，不咀嚼，而是将叶子整片吞下。它们有极强的消化系统，会吞下砂石来帮助消化胃里的坚硬植物。圆顶龙腿像树干那样粗壮，可以稳稳地支撑起庞大的身躯。

超龙骨骼（北美洲古生物博物馆）

超龙生态复原图

超龙（Supersaurus），又译超级龙，意为"超级蜥蜴"，属蜥脚下目梁龙科。生活于侏罗纪晚期，1.53亿年前。化石发现于美国科罗拉多州。超龙身长可达33～34米，是最长的恐龙之一，体重可达35～40吨。

巧龙骨骼模型

叉龙骨骼化石

阿根廷龙骨架模型（德国法兰克福）

巧龙复原图

巧龙（*Bellusaurus*），意为"美丽的蜥蜴"，属蜥脚下目。生活于侏罗纪晚期，1.75 亿—1.61 亿年前。化石发现于中国新疆克拉玛依地区。巧龙是种短颈的小型蜥脚类植食性恐龙，身长约 4.8 米。

叉龙复原图

叉龙（*Dicraeosaurus*），是小型的蜥脚下目梁龙超科恐龙。生活在晚侏罗世，约 1.5 亿年前。化石发现于非洲。不像其他的梁龙超科，叉龙的颈部较短、较宽，头部较大。它也不具有梁龙的鞭状尾巴。

阿根廷龙复原图

阿根廷龙（*Argentinosaurus*），属蜥脚下目泰坦巨龙类，植食性恐龙。生活于早白垩世晚期，1.22 亿—0.94 亿年前。化石发现于阿根廷内乌肯省。它是地球上生活过的体型最巨大的陆地动物之一，身长约 36.6 米，体重约 73 吨。

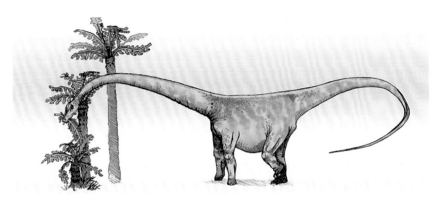

重龙复原图（Debivort）

重龙（*Barosaurus*），又名巴洛龙，属蜥脚下目梁龙科，是巨大的植食性恐龙，其近亲为著名的梁龙。二者的区别是：重龙颈部比梁龙长，尾巴比梁龙短。重龙生活于侏罗纪晚期，1.61亿—1.51亿年前。化石发现于北美洲。同地区还生活着植食性梁龙、迷惑龙、圆顶龙、腕龙、简棘龙和剑龙，以及肉食性异特龙。成年重龙的身长约26米，体重约20吨。

重龙骨架模型（纽约美国自然历史博物馆）

马门溪龙复原图（ДИБГД）

马门溪龙（*Mamenchisaurus*），属蜥脚下目马门溪龙科。因其化石发现于中国四川宜宾马鸣溪（误读成马门溪）而得名。这里介绍的马门溪龙发现于重庆市合川地区，是中国发现的最为完整的蜥脚类恐龙化石。生活于晚侏罗世，约1.45亿年前。身长22 ~ 30米，躯体高近4米。马门溪龙的脖子由长长的、相互叠压在一起的颈椎构成，颈椎数多达19个，十分僵硬，转动十分缓慢。它脖子上的肌肉相当强壮，支撑着它的小脑袋。它的脊椎骨中有许多空洞，因而相对于它庞大的身躯而言，马门溪龙体重较轻。马门溪龙生活在广袤的、茂密的森林里，到处生长着红木和红杉树。它们成群结队穿越森林，用小的勺状的牙齿啃吃其他恐龙够不着的树顶嫩枝。马门溪龙四足行走，它那又细又长的尾巴拖在身后。在交配季节，雄性马门溪龙在争夺雌性战斗中用尾巴互相抽打。该地区同时还生活着大型肉食性恐龙，如永川龙。

马门溪龙骨骼

星牙龙复原图

星牙龙（*Astrodon*），属蜥脚下目，大型植食性恐龙，是腕龙的近亲。生活于早白垩世，约1.12亿年前。化石发现于美国东部。成年的星牙龙估计身长15.2 ~ 18.3米，头部可高举9.1米。

梁龙骨架（新墨西哥州自然历史与科学博物馆）

腕龙骨架模型（芝加哥菲尔德博物馆）

梁龙复原图（Dmitry Bogdanov）

梁龙（*Diplodocus*），属蜥脚下目梁龙科。生活于侏罗纪末期，1.5 亿—1.47 亿年前。化石发现于北美洲西部。该地区当时还生活着圆顶龙、重龙、迷惑龙和腕龙等。梁龙最大体长可超过 25 米，脖长 7.5 米，尾长 13.4 米，是已知最长的恐龙之一，体重约 10 吨。鼻孔位于眼睛之上，当遇上肉食性恐龙攻击时，它就逃入水中躲藏，头顶上的鼻孔不会被水淹没，便于呼吸。梁龙在吃食时，尾巴会不断地抽打，并发出声响。尽管梁龙体型很大，但脑袋却是纤细小巧。嘴的前部长着扁平的牙齿，嘴的侧面和后部则没有牙齿。梁龙比迷惑龙、腕龙要长。由于头尾很长，躯干很短、很瘦，因此体重不大。梁龙脖子虽长，但由于颈骨数量少且韧，因此梁龙的脖子并不能像蛇颈龙一般自由弯曲。梁龙是最容易辨识的恐龙之一。它的巨大体形足以恐吓同期的异特龙及角鼻龙等猎食恐龙。

腕龙复原图（БоГДнов）

腕龙（*Brachiosaurus*），属蜥脚下目腕龙科。生活于晚侏罗世，1.56 亿—1.45 亿年前。化石发现于北美洲，在白垩纪早期的北非也有发现。腕龙是曾经生活在陆地上的最大的动物之一。腕龙是四足植食性恐龙。不同于蜥脚下目的其他科，它的身体结构像长颈鹿，颈部高举。腕龙的牙齿是凿状牙齿，适合咬碎植物。它的头颅骨有很多大型洞孔，可帮助减轻重量。长颈巨龙是腕龙的近亲，身长约 25 米，头部可高举离地面 13 米，体重约 28.7 吨。腕龙脖子长，脑袋小，有一条短粗的尾巴。走路时四脚着地。腕龙的前腿比后腿长。每只脚有 5 个脚趾头，每只前脚中的 1 个脚趾和每只后脚中的 3 个脚趾上有爪子。腕龙的牙平直而锋利。它们的鼻孔长在头顶上。它们成群居住并且一块外出，像圆顶龙一样生蛋和进食植物。

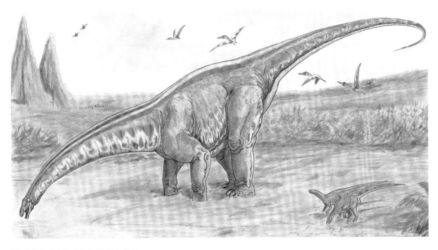

迷惑龙生态复原图（ДИБГД）

迷惑龙头部模型

路氏迷惑龙骨架模型（芝加哥菲尔德博物馆）

迷惑龙（Apatosaurus），又译谬龙，以前被称为雷龙，属蜥脚下目梁龙科。生活于 1.56 亿—1.46 亿年前的晚侏罗世。化石发现于美国的科罗拉多州、俄克拉何马州、犹他州和怀俄明州。它们是陆地上曾经存在过的最大型动物之一，身长约 26 米，体重 18 ~ 30 吨。迷惑龙有着长颈部，尾巴呈鞭状，与身体相比，头部相当小，牙齿呈匙状，是植食性恐龙。前肢略短于后肢。它们的颈椎比梁龙短而重，腿部骨头较梁龙结实而长，比梁龙更粗壮。走动时，尾巴离开地面。迷惑龙的前肢有一个大指爪，而后肢的前 3个脚趾拥有趾爪。

秀丽迷惑龙骨架模型（美国自然历史博物馆）

克拉美丽龙骨骼及复原图

克拉美丽龙（Klamelisaurus），又译为美丽龙，属蜥脚下目。生活于侏罗纪中期，1.7 亿—1.61 亿年前，化石发现于中国新疆。

新发现的世上最大的恐龙之一——巴塔哥泰坦龙利用其鞭尾抵御掠食者

华北龙骨骼模型

华北龙（Huabeisaurus），属蜥脚下目，四足植食性。生活于晚白垩世，0.83 亿—0.7 亿年前。化石发现于中国北部。复原后体长 20 米，高 5 米。

恐龙化石发掘者躺在一根新发现的巴塔哥泰坦龙股骨旁边

巴塔哥泰坦龙（Patagotitan mayorum），也称巴塔哥泰坦巨龙或巴塔哥巨龙，属蜥脚下目泰坦龙类。化石于 2012 年发现于阿根廷巴塔哥尼亚地区梅奥家族的农场。巴塔哥泰坦龙是泰坦龙类中重量最大的一种，生活在 1 亿—9500 万年前晚白垩世，植食性，具有长长的脖颈和尾巴，四足行走，行动迟缓，难以逃避快速奔跑的肉食性恐龙的攻击，往往依靠有力的尾巴给攻击者猛烈一击。身长约 37 米，身高 6 米，大腿骨长约 2.37 米，体重达 69 吨，甚至可达 77 吨，差不多相当于一架美国发现号航天飞机的总重量或 14 头亚洲象的重量。最近古生物学家研究证明，60 米长的易碎双腔龙并不存在。这样，巴塔哥泰坦龙就成了世界上已经发现的最大最重的恐龙。

盘足龙复原图
盘足龙（*Euhelopus*），属蜥脚下目盘足龙科，大型的植食性恐龙。 生活于白垩纪早期，1.3亿—1.12亿年前。 化石发现于中国山东。身长约15米，重15～20吨，前肢长于后肢，足像圆盘，主要生活在水中。

桥湾龙复原图（Nobu Tamura）
桥湾龙（*Qiaowanlong*），属蜥脚下目。 生活于白垩纪早期，1.12亿—1亿年前。 化石发现于中国甘肃。身长约12米，体重10吨左右。 桥湾龙与盘足龙、长生天龙是近亲。

极龙复原图
极龙（*Ultrasaurus*），又名特级超龙，属蜥脚下目。 生活于早白垩世，1.1亿—1亿年前。 化石发现于韩国。

兽脚亚目

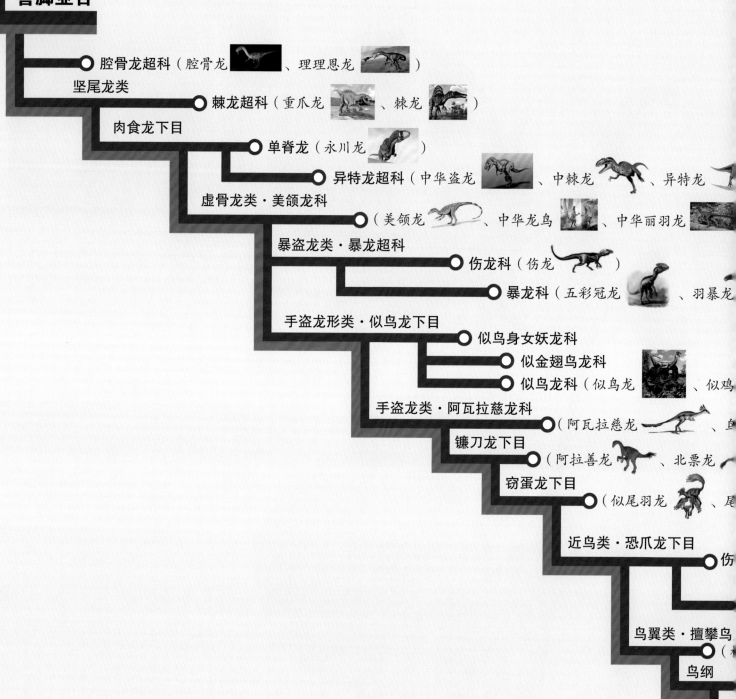

腔骨龙超科（腔骨龙　　　、理理恩龙　　　）

坚尾龙类

棘龙超科（重爪龙　　　、棘龙　　　）

肉食龙下目

单脊龙（永川龙　　　）

异特龙超科（中华盗龙　　　、中棘龙　　　、异特龙

虚骨龙类·美颌龙科

（美颌龙　　　、中华龙鸟　　　、中华丽羽龙

暴盗龙类·暴龙超科

伤龙科（伤龙　　　）

暴龙科（五彩冠龙　　　、羽暴龙

手盗龙形类·似鸟龙下目

似鸟身女妖龙科

似金翅鸟龙科

似鸟龙科（似鸟龙　　　、似鸡

手盗龙类·阿瓦拉慈龙科

（阿瓦拉慈龙　　　、鲨

镰刀龙下目

（阿拉善龙　　　、北票龙

窃蛋龙下目

（似尾羽龙　　　、尾

近鸟类·恐爪龙下目

伤

鸟翼类·擅攀鸟

（枝

鸟纲

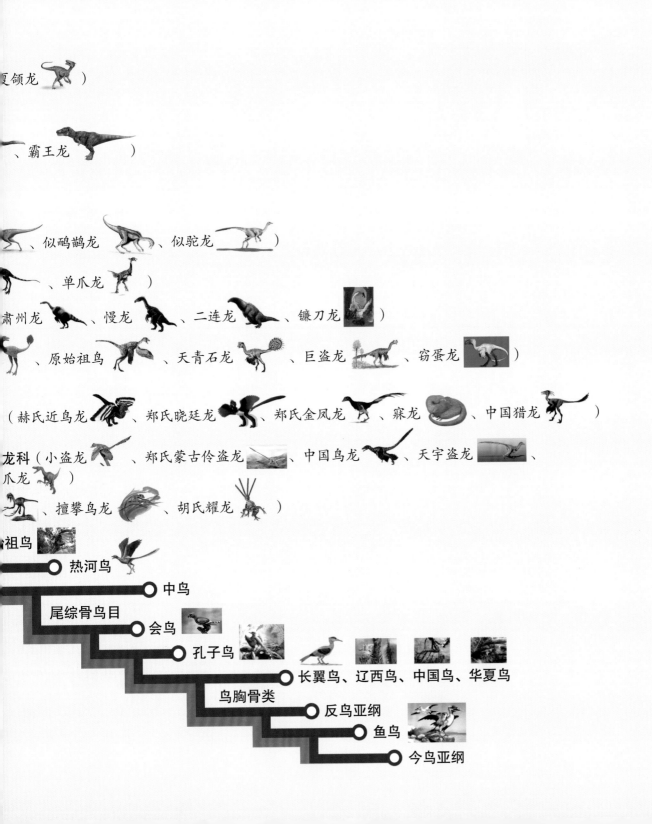

夏颌龙 ）

、霸王龙 ）

、似鸸鹋龙 、似驼龙 ）

、单爪龙 ）

肃州龙 、慢龙 、二连龙 、镰刀龙 ）

、原始祖鸟 、天青石龙 、巨盗龙 、窃蛋龙 ）

（赫氏近鸟龙 、郑氏晓廷龙 、郑氏金凤龙 、寐龙 、中国猎龙 ）

龙科（小盗龙 、郑氏蒙古伶盗龙 、中国鸟龙 、天宇盗龙 、
爪龙 ）

、擅攀鸟龙 、胡氏耀龙 ）

祖鸟

热河鸟

中鸟

尾综骨鸟目

会鸟

孔子鸟

长翼鸟、辽西鸟、中国鸟、华夏鸟

鸟胸骨类

反鸟亚纲

鱼鸟

今鸟亚纲

🪐 10.6

蜥臀目兽脚亚目恐龙

太阳神龙复原图（Conty）
太阳神龙（*Tawa*），是早期兽脚亚目恐龙，肉食性。生活于 2.15 亿—2.13 亿年前的三叠纪晚期。化石发现于美国新墨西哥州，说明恐龙起源于盘古大陆南部（今天的南美洲），并迅速地扩散到盘古大陆的各个地区。太阳神龙化石的发现有助于研究三叠纪晚期恐龙的演化关系。

兽脚亚目恐龙生活于 2.34 亿—0.65 亿年前，在地球上生活了约 1.69 亿年。兽脚亚目恐龙的特点是：大多数为肉食性，前肢短小而灵活，用于捕获猎物；后肢粗长而有力，善于奔跑，最高时速达六七十千米。

长毛状物的、骨骼中空的小型兽脚类恐龙是虚骨龙类，它们逐渐进化成现今的鸟类。著名的虚骨龙类有羽王龙、中华龙鸟、原始祖鸟、尾羽龙、小盗龙、中国鸟龙、近鸟龙、寐龙，等等。

鸟类就是沿着兽脚亚目恐龙的演化支进化而来的。从较原始的兽脚类开始，经过近一亿年的演化，大致经历了八个演化阶段，即坚尾龙类、肉食龙下目、虚骨龙类、手盗龙形类、手盗龙类、镰刀龙下目、窃蛋龙下目，到近鸟类，这时候出现了最像鸟类的恐龙，如近鸟龙、小盗龙等，它们体长仅有 40 厘米左右，长有明显的不对称飞羽，可以滑翔或林间飞行，外形酷似鸟类，但却是会飞的恐龙，在进化上它们与鸟类只差最后一步，直到鸟纲，这些恐龙经过一次较大的基因突变，在自然选择作用下，才演化出真正的鸟类。世界上出现的第一种鸟是始祖鸟，中国出现的第一种鸟是热河鸟，这些最早出现的鸟类，仍然保留了兽脚类恐龙的一些特征（详见下文）。

由此可见，生命的进化，尤其是脊椎动物的进化是一个"循序渐进"的过程，是一次次基因突变，自然选择的过程，也是生物不断适应性变异的过程。生命进化过程是不可复制的，决不可能再现，这就是生命进化的神秘之所在。

较原始的兽脚亚目恐龙

较原始的兽脚类恐龙体形娇小，身体修长，对于研究早起恐龙演化具有重要意义。它们主要生活在三叠纪晚期的南美洲，当时南美洲与非洲还连在一起。

艾雷拉龙头部化石

艾雷拉龙生态复原图

艾雷拉龙（*Herrerasaurus*），又称埃雷拉龙、黑瑞拉龙或赫勒拉龙，属兽脚亚目。生活在三叠纪晚期，2.31
亿—2.28 亿年前。化石发现于阿根廷巴塔哥尼亚西北部。艾雷拉龙是轻巧的肉食性恐龙，有长尾巴及相
当小的头颅。体长 3 ~ 6 米，臀部高度超过 1.1 米，体重 210 ~ 350 千克。

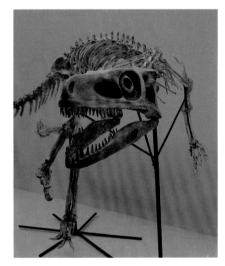

南十字龙骨架

正在猎食的南十字龙（Nobu Tamura）

南十字龙（*Staurikosaurus*），是小型的兽脚亚目恐龙，肉食性。生活于三叠纪晚期，约 2.25 亿年前。化
石发现于巴西。身长约 2 米，尾巴长约 80 厘米，体重约 30 千克。南十字龙与始盗龙、艾雷拉龙是近亲，
而且是在蜥脚下目与兽脚亚目分开演化后才演化出来的。

双脊龙复原图

双脊龙（*Dilophosaurus*），又名双棘龙、双嵴龙或双冠龙，意思是"双冠蜥蜴"，属兽脚亚目恐龙原始类群，生活于约 1.9 亿年前的早侏罗世。因其头顶有两个冠状物而得名。双脊龙可能是坚尾龙类的演化分支的原始物种。双脊龙的最明显特征是头颅骨顶端有一对圆形头冠，这些圆冠用作装饰物，由于相当脆弱，不可能作为武器，圆冠的大小是辨别雌雄的标志。体长约 6 米，体重约 500 千克。

恶魔龙复原图（Funk Monk）

恶魔龙（*Zupaysaurus*），是中型兽脚亚目恐龙，肉食性。生活于三叠纪晚期，2.16 亿—2.03 亿年前。化石发现于南美洲的阿根廷。鼻端有着两个平行的冠状物。一个成年的恶魔龙头颅骨长约为 45 厘米，体长约为 4 米。与其他兽脚亚目成员相似，恶魔龙以后脚行走，用前肢捕捉猎物。

虚骨龙复原图

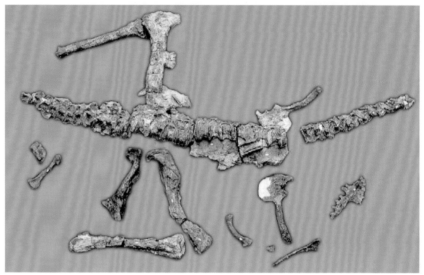

圣胡安龙骨骼化石及复原图（Nobu Tamura）

圣胡安龙（*Sanjuansaurus*），属兽脚亚目艾雷拉龙科，肉食性。生活于三叠纪晚期，2.28 亿—2.03 亿年前。化石发现于南美洲的阿根廷，是艾雷拉龙、南十字龙的"姊妹"。圣胡安龙是中型恐龙，股骨长39.5 厘米，身长约 3 米，体型接近艾雷拉龙。

虚骨龙生态复原图（Nobu Tamura）

虚骨龙（*Coelurus*），又名空尾龙，属兽脚亚目虚骨龙科。生活于晚侏罗世，1.53 亿—1.5 亿年前。化石发现于亚洲和北美洲。虚骨龙是种小型、两足的肉食性恐龙，以昆虫、哺乳类、蜥蜴等小型猎物为食。身长 2.4 米，体重最大可达 20 千克。它的尾巴脊椎是空心的。

兽脚亚目腔骨龙超科恐龙

　　腔骨龙超科是肉食性恐龙，生活于晚三叠世到早侏罗世，曾分布于世界各地。体形修长，身长 1 ~ 6 米。有细长的尾巴和一个长的窄吻头骨。形似虚骨龙类，有些头顶有易碎的冠饰。可能以小群体方式生活。著名的腔骨龙超科包括腔骨龙、理理恩龙、哥斯拉龙、斯基龙和合踝龙等。

腔骨龙化石

腔骨龙复原图（Park Ranger）

腔骨龙（*Coelophysis*），又名虚形龙，属兽脚亚目腔骨龙超科。生活于三叠纪晚期，2.16 亿—2.03 亿年前。化石发现于北美洲，是小型双足肉食性恐龙。腔骨龙非常纤细，善于奔跑。头部长而狭窄，长有锐利的像剑一样向后弯的牙齿，牙齿的前后缘有小型的锯齿边缘。以小型、似蜥蜴的动物为食。它们可能以小群体方式集体猎食。

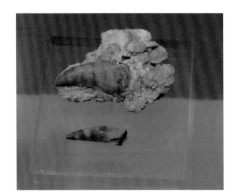

理理恩龙牙齿

理理恩龙骨架化石

理理恩龙复原图（Nobu Tamura）

理理恩龙（*Liliensternus*），属兽脚亚目腔骨龙超科，生活于晚三叠世，2.15 亿—2 亿年前。 化石发现于德国。 身长约 5.15 米，重约 127 千克。 它可能猎食植食性恐龙，如板龙等。 理理恩龙最明显的特征是头上的脊冠，脊冠只是两片薄薄的骨头。 在捕食时如果脊冠被攻击，它可能因剧痛放弃眼前的猎物而逃跑。

合踝龙生态复原图（Dmitry Bogdanov）

合踝龙（*Syntarsus*），又名坚足龙或并合踝龙，属腔骨龙超科。生活于侏罗纪早期，2 亿—1.83 亿年前。化石发现于非洲南部的津巴布韦。合踝龙由鼻端至尾巴长约 3 米，重约 32 千克。

哥斯拉龙复原图（Nobu Tamura）

哥斯拉龙（*Gojirasaurus*），属腔骨龙超科。生活于三叠纪晚期，约 2.1 亿年前。化石发现于美国新墨西哥州。身长约 5.5 米，体重 150 ～ 200 千克，是当时的大型肉食性动物之一。

兽脚亚目坚尾龙类恐龙

坚尾龙类（Tetanurae）首次出现于早中侏罗世。许多著名的恐龙都属于坚尾龙类，包括异特龙、窃蛋龙、棘龙、暴龙、迅猛龙，以及所有现代鸟类。第一种被命名的中生代恐龙是斑龙，它是一种基础坚尾龙类恐龙。坚尾龙类的股骨 - 尾巴肌肉经过演化缩短，尾巴后段不灵活，但有助于奔跑时改变方向。头颅骨不坚实，骨头有空腔，可以减轻头部重量。

斑龙超科（Megalosauroidea），又译巨龙超科，是兽脚亚目坚尾龙类的一个超科，生活于中侏罗世至中白垩世。棘龙科可能属于斑龙超科。

斑龙复原图（Ladyof Hats）
斑龙（*Megalosaurus*），又名巨龙、巨齿龙，是一种基础坚尾龙类恐龙，大型肉食性恐龙。生活于中侏罗世，1.81亿—1.69亿年前。化石发现于欧洲（英格兰南部、法国、葡萄牙）。身长约9米，体重约1吨，可能猎食剑龙类与蜥脚类恐龙。

斯基龙复原图（Nobu Tamura）
斯基龙（*Segisaurus*），属兽脚亚目腔骨龙超科。生活于侏罗纪早期，约1.83亿年前。化石发现于美国亚利桑那州。斯基龙是原始敏捷的两足恐龙。体型相当于鹅，身长约1米，高约0.5米，重4～7千克。斯基龙为食虫性动物，也可能为食腐动物。身体结构类似鸟类，颈部长而灵活。斯基龙具有3个脚趾，腿部强壮，相当于身体的长度。尾巴与前肢也很长，锁骨类似鸟类。

蛮龙指爪（伦敦自然历史博物馆）

蛮龙的骨架模型（北美洲古生物博物馆）

蛮龙（*Torvosaurus*），意为"野蛮的蜥蜴"，属兽脚亚目斑龙科，是种大型肉食性恐龙，以大型植食性恐龙为食，例如剑龙类或蜥脚类恐龙。生活于晚侏罗世的北美洲与葡萄牙。蛮龙的体型相当大，北美的蛮龙估计身长 9 ~ 11 米，体重约 2 吨，而葡萄牙的蛮龙个体则长达 13 米，重达 4 吨，是目前已知最大型的侏罗纪兽脚亚目恐龙之一。蛮龙以强壮的后肢行走，拥有有力的短前肢，肘前臂的长度是肘后上臂的一半。它们还拥有巨大的拇指尖爪，以及大型、锐利的牙齿。

谭氏蛮龙的想象图（ДиБгд）

非洲猎龙骨架模型

多里亚猎龙的牙齿

非洲猎龙复原图

非洲猎龙（*Afrovenator*），属兽脚亚目斑龙超科，肉食性恐龙。生活在1.64亿—1.61亿年前的中侏罗世，化石发现于非洲撒哈拉沙漠。身长8米，重约2.1吨，是一种大而灵巧的兽脚类恐龙。牙齿长5厘米，拥有带钩的锋利爪子。

多里亚猎龙复原图

多里亚猎龙（*Duriavenator*），属兽脚亚目坚尾龙类斑龙科，是已知最古老的坚尾龙类恐龙之一。生活于侏罗纪中期，约1.7亿年前。化石发现于英格兰南部多赛特郡。

泥潭龙复原图（Nobu Tamura）

泥潭龙（*Limusaurus*），属兽脚亚目角鼻龙类。生活于晚侏罗世，1.61亿—1.56亿年前。化石发现于中国新疆准噶尔盆地。它是一种奇特的没有牙齿的植食性小型恐龙。嘴呈喙状，有胃石。泥潭龙是唯一发现于亚洲东部及中国的角鼻龙类恐龙，据此估计当时亚洲及其他大洲之间有陆桥连接。

冰脊龙骨骼化石

冰脊龙生态复原图（ДИБГД）

冰脊龙（Cryolophosaurus），又名冰棘龙或冻角龙，兽脚亚目坚尾龙类，双足肉食性。生活于侏罗纪早期，1.9亿—1.84亿年前。化石发现于南极洲。身长约6.5米，体重约460千克。冰脊龙的头部有一个奇异冠状物。头冠有皱折，外观很像一柄梳子。在南极洲，还发现有大型原蜥脚类的冰河龙、小型翼龙目、似哺乳类爬行动物的三瘤齿兽。

似松鼠龙骨骼及其复原图

似松鼠龙（*Sciurumimus*），属兽脚亚目坚尾龙类斑龙超科。生活于侏罗纪晚期，约 1.5 亿年前。化石发现于德国下巴伐利亚石灰岩采石场。标本较为完整，带有丝状结构覆盖物。似松鼠龙证明远古恐龙普遍身披羽毛。许多兽脚类恐龙都被证明存在羽毛，但似松鼠龙更接近进化树的底部，这可能是拥有羽毛的肉食性恐龙存在地球上的最早证据。

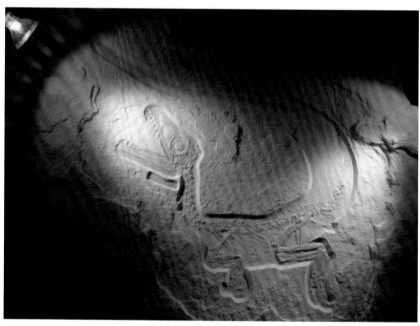

重爪龙复原图

重爪龙（*Baryonyx*），又名坚爪龙，意为"沉重的爪"，属兽脚亚目棘龙科恐龙。生活于晚白垩世，1亿—0.65亿年前。化石发现于英格兰多尔金南部、西班牙北部。重爪龙口鼻部长而低矮、颌部狭窄、锯齿状牙齿以及像钩子般的指爪，适合捕食鱼类。身长约9米，高约3.4米，体重约2吨。重爪龙的每只手掌的拇指都有大指爪，长25厘米。

大龙复原图（Ghedoghedo）

大龙（*Magnosaurus*），蜥臀目兽脚亚目，属基础坚尾龙类恐龙，生活于侏罗纪中期。体重150～200千克。化石发现于英格兰。

鲨齿龙生态复原图（Ilyayungin 1991）

鲨齿龙（*Carcharodontosaurus*），属兽脚亚目鲨齿龙科，是体型最大的食肉恐龙之一。生活于1亿—9300万年前的埃及、阿尔及利亚和摩洛哥。身长11.5～14米，高约4.5米，重6～11.5吨。其牙齿类似于鲨鱼，极其锋利，形如匕首，适合切割皮肤以及肌肉组织。有大而酷似骷髅眼睛的眶前孔、较为短小的前肢、巨大而长的头颅骨、较窄的吻部、瘦的躯干、略微短的后肢。它的头比霸王龙略长但偏窄，脑容量比霸王龙小。

埃及棘龙骨架

在陆上和水里的棘龙复原图

棘龙（*Spinosaurus*），意思为"有棘的蜥蜴"，又称棘背龙、脊背龙，属兽脚亚目棘龙超科棘龙科。生活于晚白垩世，1.12 亿—9300 万年前非洲北部区域。

棘龙有两个亚种，埃及棘龙和摩莎迪亚棘龙。其中埃及棘龙是目前已知最大的兽脚类食肉、食鱼恐龙。体长 12 ~ 19 米，帆高 1.8 米，臀高 2.7 ~ 4 米，平均体重 8.5 吨，最大个体不低于 18 吨，是与鲨齿龙同时代生活的大型肉食性恐龙。最明显的特征是体型巨大、背有帆状物、头颅骨修长。独特的背帆可能具有调节体温、储存脂肪、散发热量、异性青睐、威胁对手、吸引猎物等功能。其头颅骨长 1.4 ~ 1.9 米，外形类似上龙类。棘龙是季节性半水生动物，雨季主要以鱼为食。但在旱季时，棘龙会上岸捕食豪勇龙，未成年蜥脚龙类，还会和鲨齿龙发生冲突。棘龙头部如上龙或鳄鱼，长条形，适合捕鱼。捕鱼时它会把嘴伸进水里靠嘴巴上的小孔发出的辐射源感知猎物。棘龙生活在非洲，而霸王龙生活在北美，二者难以相遇，更不可能打斗。

兽脚亚目坚尾龙类肉食龙下目恐龙

该类恐龙是大型肉食性恐龙，头颅巨大而中空，牙齿锋利如匕首，前肢灵活有力，指爪尖利，后肢粗壮强劲，擅长奔跑，多数生活在侏罗纪中晚期，主要捕食大型植食性恐龙，如梁龙类等。

和平中华盗龙复原图

上游永川龙复原图（Dmitry Bogdanov）

和平中华盗龙骨架模型（Nobu Tamura）

中华盗龙（*Sinraptor*），生活在 1.6 亿—1.45 亿年前。化石发现于中国新疆，体长 7.5 米，高近 3 米，头骨长 85 厘米，体重 1.8 吨。主要特征是大脑袋、中等大小而强壮的前肢、长腿、粗壮的身体，嘴里长满一排排锋利的牙齿。站立时，粗大的尾巴用来支撑身体，前肢十分灵活，指上有弯而尖的利爪，出没于丛林和湖滨，以一些较温顺的植食性恐龙，如沱江龙、马门溪龙等为食。

上游永川龙化石

永川龙（*Yangchuanosaurus*），生活在约 1.6 亿年前。化石发现于中国重庆，是中国境内发现的比较凶猛的大型兽脚类恐龙，在辈分上老于中华龙鸟、羽王龙等。永川龙体型壮实，犹如生活在北美洲的异特龙。体长约 11 米，站立时身高 4 米，体重约 4 吨。头部又高又大，头骨长 122 厘米，略呈三角形，嘴里长满一排像匕首一样锋利的牙齿。脖子较短，身体不长，有一个长的尾巴，站立时用来支撑身体，跑动时用来保持身体平衡。后肢生有三趾，强壮有力，奔跑迅速。前肢短小灵活，长有如弯刀状的利爪。永川龙生活在丛林或湖泊附近，犹如老虎，喜欢独来独往，深居简出。

气龙骨架模型

新猎龙骨骼及复原图（Nobu Tamura）

新猎龙（*Neovenator*），属兽脚亚目坚尾龙类肉食龙下目异特龙超科。生活于早白垩世，1.3 亿—1.25 亿年前。化石发现于英国威特岛，为最著名的欧洲肉食性恐龙之一。新猎龙身长近 7.5 米，并拥有修长的体形。

气龙复原图

气龙（*Gasosaurus*），属兽脚亚目巨齿龙科，也属坚尾龙类，生活在侏罗纪中期，约 1.64 亿年前。化石发现于中国四川省的大山铺镇。气龙有强壮的脚及短的手臂，是中型肉食性恐龙。身长 3.5 ~ 4 米，臀部高约 1.3 米，体重约 150 千克。

中棘龙复原图（Funk Monk）

中棘龙（*Metriacanthosaurus*），属兽脚亚目肉食龙下目异特龙超科中棘龙科。生活于中侏罗世，约 1.6 亿年前。化石发现于英格兰。

吉兰泰龙复原图（Funk Monk）

吉兰泰龙（*Chilantaisaurus*），属兽脚亚目肉食龙下目异特龙超科新猎龙科。生活于白垩纪晚期，约 9200 万年前。化石发现于中国。吉兰泰龙是种大型恐龙，体重约为 6 吨。

两头异特龙在围攻一只重龙（Fred Wierum）

暹罗龙复原图（Funk Monk）

暹罗龙（*Siamosaurus*），属兽脚亚目肉食龙下目，生活于早白垩世。化石发现于泰国。体长约9.1米，是肉食性恐龙，主要以鱼类为食。它与棘龙是近亲。

异特龙颅骨化石（华盛顿国立自然历史博物馆）及脆弱异特龙手掌与指爪化石

异特龙复原图（Nobu Tamura）

异特龙（*Allosaurus*），又称跃龙或异龙，属兽脚亚目肉食龙下目异特龙超科异特龙科。生活于晚侏罗世，1.55 亿—1.45 亿年前。化石发现于北美洲、欧洲等地。平均身长为 8.5 米，最长可达 12 ~ 13 米。异特龙头颅骨巨大，上有大型洞孔，可减轻体重，眼睛上方拥有角冠。它们的头颅骨由几块骨头组成，骨头之间有可活动关节，进食时颌部先上下张开，然后再左右撑开吞下食物；下颌还可以前后滑动。嘴部拥有数十颗大型锐利弯曲的牙齿。后肢大而强壮，前肢小，手部有 3 指，指爪大而弯曲，长度为 25 厘米。尾巴长而重，可平衡身体与头部。异特龙的骨架和其他兽脚亚目恐龙一样，呈现出类似鸟类的轻巧中空特征。异特龙是当时北美洲最常见的大型掠食动物，位于食物链的顶部，可能猎食其他大型植食性恐龙，如鸟脚下目、剑龙下目、蜥脚下目恐龙等。异特龙可能采取伏击方式攻击大型猎物，使用上颌来撞击猎物。

南方巨兽龙骨骼模型及其复原图（ДИБГД）

南方巨兽龙（*Giganotosaurus*），又名南巨龙、巨兽龙、超帝龙、巨型南美龙，属兽脚亚目肉食龙下目鲨齿龙科。生活于晚白垩世，9300 万—8900 万年前。化石发现于南美洲的阿根廷。它是最巨大的陆地肉食性恐龙之一，较暴龙长，但较棘龙小。最大的南方巨兽龙体长 16 米，重 15 吨，是第三大的肉食恐龙。

昆卡猎龙生态复原图

昆卡猎龙（*Concavenator*），又译为驼背龙，属兽脚亚目肉食龙下目鲨齿龙科。生活于白垩纪早期，约 1.3 亿年前。化石发现于西班牙中部地区。
昆卡猎龙是种相当特殊的兽脚类恐龙，臀部前段的两节特别高，形成臀部的隆肉，可能具有视觉展示或调节体温的功能。

中华丽羽龙复原图

中华丽羽龙（*Sinocalliopteryx*），又名中华美羽龙，意为"中国的美丽羽毛"，属美颌龙科，生活于早白垩世，约 1.246 亿年前。化石发现于中国辽宁。中华丽羽龙与近亲华夏颌龙相似，但体型较大，身长 2.37 米，是已知最大的美颌龙科物种。

侏罗猎龙骨骼化石（Nobu Tamura）

美颌龙化石（牛津大学自然史博物馆）

兽脚亚目虚骨龙类美颌龙科恐龙

虚骨龙类（Coelurosauria）又名空尾龙类，属兽脚亚目，呈多样性，包含暴龙超科、似鸟龙下目，以及手盗龙类（也包含鸟类）。虚骨龙类为兽脚亚目中所有亲缘关系接近鸟类，而远离肉食龙下目的恐龙。它们是一群长有羽毛的恐龙，并最终一步步演化成鸟类。

美颌龙科是群小型肉食性恐龙，体长 0.7 ~ 1.4 米，生活于侏罗纪至白垩纪。美颌龙科中有 4 个属，包括中华龙鸟、中华丽羽龙、侏罗猎龙和美颌龙。这些恐龙的体表可能都发育有与羽毛同源的鬃毛样物。

侏罗猎龙复原图

侏罗猎龙（*Juravenator*），属于美颌龙科，是小型的虚骨龙类恐龙。生活于晚侏罗世，1.52 亿—1.51 亿年前。化石发现于德国侏罗山脉。它是中华龙鸟的姊妹，肉食性，身上局部长有原始羽毛。体长只有约 75 厘米。目前只发现一个化石，是一个幼年个体。在侏罗猎龙的尾巴基部与后肢，发现了鳞片皮肤痕迹。

美颌龙复原图（Nobu Tamura）

美颌龙（*Compsognathus*），属兽脚亚目美颌龙科。生活于晚侏罗世早期的欧洲，约 1.5 亿年前。美颌龙是一种小型双足肉食性恐龙，重约 3 千克，如火鸡大小。美颌龙有长的后肢及尾巴，便于在运动时平衡身体。前肢比后肢细小，手掌有 3 指，都有利爪，用来抓捕猎物。踝部高，足部类似鸟类，显示它们的行动非常敏捷。美颌龙的亲属，如中华龙鸟，其遗骸都有简单像软毛的羽毛覆盖身体，可见美颌龙亦可能有类似的羽毛。

中华龙鸟生态复原图（季强等研究并命名，图片赵闯绘）

中华龙鸟（*Sinosauropteryx*），意为"中国的有翼蜥蜴"，生活在 1.25 亿—1.22 亿年前的早白垩世。成年个体有 2 米长。中华龙鸟是中国地科院季强教授发现并命名的，也是中国乃至世界上第一个发现的带羽毛的恐龙。化石发现于我国东北辽西北票地区。骨架高 1 米、前肢粗短、后肢粗壮，适宜奔跑，趾爪锋利，嘴里有粗壮锋利的牙齿，有长长的尾椎（有 60 多节尾椎骨）。最明显的特点是全身长有原始的绒毛，犹如小鸡的绒毛，用来御寒。虽然名字是中华龙鸟，但它根本不是鸟，而是鸟类久远的祖先，反而与暴龙类有很近的亲缘关系。除了有羽毛外，与鸟没其他相似的特征，是一个活脱脱的恐龙。中华龙鸟的发现极大地推动了恐龙是鸟类祖先的研究，并最终科学地证明，鸟类是由长毛的恐龙进化而来的。

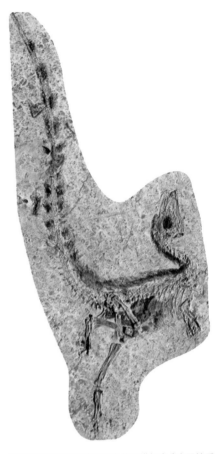

具原始羽毛痕迹的中华龙鸟的正模标本（中国地质博物馆）

嗜鸟龙骨架（加拿大皇家蒂勒尔古生物博物馆）

嗜鸟龙复原图（Nobu Tamura）

嗜鸟龙（*Ornitholestes*），属手盗龙类恐龙。生活于晚侏罗世，1.61 亿—1.5 亿年前。化石发现于北美洲。有许多地方类似美颌龙，但体型稍大。嗜鸟龙的身长约 2 米。嗜鸟龙的头部相当小，但比其他小型兽脚类恐龙，如美颌龙、虚骨龙更健壮，因此它们的咬合力较大。嗜鸟龙的尾巴长，用以平衡身体。嗜鸟龙具有超常的视觉能力，可以捕食奔跑或躲藏在蕨类植物及岩石下面的蜥蜴和小型哺乳动物。

东方华夏颌龙生态复原图（H.Wang 等研究并命名）

华夏颌龙（*Huaxiagnathus*），属名意为"华夏的颌部"，属兽脚亚目美颌龙科，生活于早白垩世。化石发现于中国辽宁省义县组。最大标本的身长约 1.8 米，是一种大型的美颌龙类。华夏颌龙前肢短，后肢强健苗条，身体覆有绒毛，脖子灵活修长，头颅狭长而空洞，牙齿细小、尖锐、边缘弯曲，是优秀的捕食者。

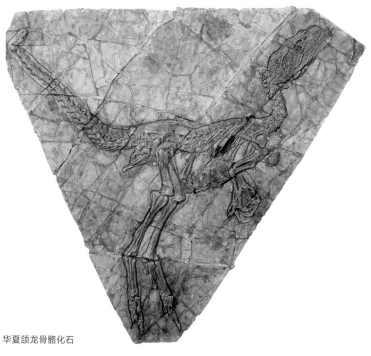

华夏颌龙骨骼化石

兽脚亚目虚骨龙类暴龙超科恐龙

　　暴龙超科属兽脚亚目的虚骨龙类中的另类，包括伤龙科和暴龙科。它们是两足、肉食性恐龙，可能具有羽毛，大多头部具有骨质冠。暴龙超科最早出现于侏罗纪的劳亚古陆，体型较小，如帝龙。到了白垩纪，暴龙超科已经成为北半球的大型顶级掠食动物，上下颌长有大型的棒状牙齿，具强大的咬合力，既可以主动捕食，又吃腐肉，如暴龙。暴龙超科恐龙化石已发现于中亚、东亚以及北美洲等地，可能还有大洋洲。

帝龙化石

奇异帝龙生态复原图（徐星等研究并命名）

帝龙（Dilong），属暴龙超科，是一种小型、具有羽毛且凶猛的肉食性恐龙。生活于早白垩世，约 1.25 亿年前。化石发现于中国辽宁省北票。身长约 2 米，高约 0.8 米，是最早、最原始的暴龙超科之一，且有着简易的原始羽毛。羽毛痕迹出现在下颌及尾巴。这些原始羽毛不同于现今的鸟类羽毛，没有羽轴，只用于保暖，而不是飞行。帝龙是暴龙的祖先。

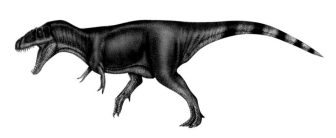

屿峡龙复原图

屿峡龙（*Labocania*），兽脚亚目，可能属于暴龙超科，肉食性恐龙。生活于晚白垩世，约 7000 万年前。化石发现于墨西哥下加利福尼亚州。身长约 7 米，体重约 1.5 吨。屿峡龙的头部厚重，尤其是额骨。上颌骨的牙齿弯曲、表面相当平坦。

伤龙复原图（Josep Asensi）

伤龙（*Dryptosaurus*），属原始暴龙超科伤龙科，生活于晚白垩世。化石发现于北美洲东部。身长约 7.5 米，臀部高度为 1.8 米，重约 1.5 吨。伤龙拥有相当长的手臂及 3 根指爪，指爪长 20 厘米，类似它们的近亲始暴龙。

矮暴龙复原图

矮暴龙（*Nanotyrannus*），意为"小型暴君"，是种暴龙科恐龙，可能是暴龙的未成年体。

原角鼻龙复原图

原角鼻龙（*Proceratosaurus*），兽脚亚目，属于原始的暴龙超科。生活于中侏罗世，约 1.65 亿年前。化石发现于英格兰。原角鼻龙是种体型小的肉食性恐龙，身长略小于 3 米。原角鼻龙目前被认为是已知最早的虚骨龙类之一。

雄关龙复原图

雄关龙（*Xiongguanlong*），属兽脚亚目暴龙超科，肉食性。生活于白垩纪早期，1.25 亿—1 亿年前。化石发现于中国甘肃省嘉峪关市的新民堡群。如同其他兽脚类恐龙，雄关龙是种二足恐龙，具有长尾巴，以平衡头部与身体重量。身长约 6 米，臀部高约 1.5 米，体重约 280 千克。头颅长 1.5 米，具有 70 颗左右的锐利牙齿。与其他原始暴龙类（例如五彩冠龙）相比，雄关龙的头部缺乏头冠。口鼻部长而狭窄，比较适合撕咬猎物；而后期大型暴龙科的口鼻部大而厚重、结构坚实，可直接咬碎猎物，例如暴龙。与其他原始暴龙超科相比，雄关龙的脊椎比较粗壮，可能为了支撑较大的头颅骨。

五彩冠龙骨骼化石及头部复原图

勇士特暴龙的骨架模型及复原图

特暴龙（*Tarbosaurus*），意为"令人害怕的蜥蜴"，属兽脚亚目暴龙科，生活在白垩纪晚期，7000 万—6650 万年前。化石发现于蒙古国。它是一种大型二足型猎食动物，最大体长 10 ～ 12 米，身高 5 米，体重约 6 吨，嘴里有 60 ～ 64 颗大而锋利的牙齿，下颌骨因特殊的接合构造，十分灵活，上颌骨的牙齿横截面呈椭圆形或多半个圆形，也最长，仅牙冠就长达 8.5 厘米。特暴龙后肢长而粗壮，有三根脚趾，长而粗重的尾巴可以使身体保持平衡，将重心保持在臀部。

与其他暴龙比较，特暴龙头颅高大而有大型空洞，前部狭窄后部稍宽，说明它不具有立体视觉；最显著的特征是前肢很小，手掌上只有两根手指，个别有退化的第三指，第二指仅有第一指的一半，而其他暴龙的第二指是第一指的两倍，第三指也长于第一指。

特暴龙生活在河流纵横的泛滥平原上，是顶级猎食者，常以大型植食性鸭嘴龙类、蜥脚类恐龙为食。

五彩冠龙复原图

五彩冠龙（*Guanlong wucaii*），属兽脚亚目虚骨龙类暴龙超科，是已知最早的暴龙类恐龙之一。生活于侏罗纪晚期，约 1.6 亿年前。化石发现于中国新疆准噶尔盆地五彩湾。它比著名的暴龙要早 9200 万年。身长 3 米。巨头、长颈，生有一对翅膀似的前肢，浑身长满羽毛，看上去既像恐龙，又像鸟类，还长有锋利牙齿。尤为引人注目的是，它的头部长有一个红色冠状物，犹如公鸡头上的鸡冠。

侏罗暴龙生态复原图（Nobu Tamura）

侏罗暴龙（*Juratyrant*），属兽脚亚目虚骨龙类暴龙超科，肉食性。生活于晚侏罗世，1.493 亿—1.49 亿年前。化石发现于英格兰。

羽王龙的头部化石及头部复原图

始暴龙生态复原图

始暴龙（*Eotyrannus*），属暴龙超科。生活于早白垩世，1.25 亿—1.2 亿年前。化石发现于英国怀特岛郡。体长 4.5 ~ 6 米，体重 2 吨。始暴龙可能会猎食棱齿龙及禽龙等植食性恐龙。

华丽羽王龙生态复原图（徐星等研究并命名）

羽王龙（*Yutyrannus*），又名羽暴龙，属暴龙超科。生活于白垩纪早期，约 1.25 亿年前。化石发现于中国辽宁省北票地区。体长约 9 米，体重约 1.4 吨，是已知体型最大的有羽毛恐龙。羽毛呈丝状，几乎覆盖全身，主要用于调节体温。在标本的尾巴、颈部和上臂、臀部、脚掌发现羽毛痕迹。颈部羽毛长 20 厘米，上臂羽毛长 16 厘米。羽暴龙比北票龙要大 40 倍。

惧龙猎食角龙类想象图（ДИБГД）

惧龙（*Daspletosaurus*），又名恶霸龙，属暴龙科。生活于晚白垩世，7700万—7400万年前。化石发现于北美洲加拿大艾伯塔省。惧龙与暴龙是近亲，并且拥有很多解剖学上的相同特征。惧龙重达数吨，有着很多尖锐的大型牙齿。它的前肢也小，但比其他暴龙科的长。

蛇发女怪龙骨架模型，骨上有伤口（美国休斯顿自然科学博物馆）

蛇发女怪龙复原图（Nobu Tamura）

蛇发女怪龙（*Gorgosaurus*），又名魔鬼龙或戈尔冈龙，属兽脚亚目暴龙科，生活于白垩纪晚期，7650万—7500万年前。化石发现于北美洲西部。蛇发女怪龙是二足、大型的肉食性恐龙，长有很多大型、锋利的牙齿。它的前肢相当小，具有两指。成年的蛇发女怪龙体长可达8～9米，体重达2.4吨。体型比暴龙小，接近惧龙。

一个蛇发女怪龙的亚成年体标本，保持着死亡姿态（加拿大皇家蒂勒尔古生物博物馆）

暴蜥伏龙复原图（Nobu Tamura）

暴蜥伏龙（*Raptorex*），属暴龙超科。生活于白垩纪早期，约1.25亿年前。化石发现于蒙古国。其外观类似于暴龙，有可能是特暴龙的幼年个体。

霸王龙骨骼模型及牙齿化石（巴黎探索皇宫）

霸王龙生态复原图

霸王龙（*Tyrannosaurs rex*），又称暴龙，拉丁文名称的意思是"残暴的蜥蜴王"，属兽脚亚目暴龙科。生活于白垩纪末期，6850 万—6550 万年，是最后一次生物大灭绝事件前最后的恐龙种群之一。化石分布于北美洲的美国和加拿大西部，分布范围较其他暴龙科更广。霸王龙是已知的肉食性恐龙和最著名的恐龙之一，也是出现最晚、体型最大、咬合力最强的肉食性恐龙。身长约 13 米，肩高约 5 米，平均体重约 9 吨。霸王龙身体壮硕，头骨可达 1.5 米长，下颌强壮有力，关节面靠后，其双眼朝前，具有立体视觉。爪和牙齿是霸王龙有用的搏击武器。它的口中长着锋利的牙齿，每颗约有 20 厘米长，牙齿边缘呈锯齿状，稍有些弯曲，可以撕扯和咀嚼大块肉。霸王龙最大的单颗牙齿的咬合力是 2040 千克力，综合咬力超过 8163 千克力，更大的霸王龙咬合力在 12200 千克力左右。霸王龙的后肢结实粗壮，脚掌长着 3 个脚趾，手指端有尖锐的爪。霸王龙最早的祖先是始盗龙。

兽脚亚目虚骨龙类似鸟龙下目恐龙

　　似鸟龙意为"鸟类模仿者蜥蜴"，是一种高度特化的兽脚类恐龙，外表类似现代的鸵鸟。它们是群快速敏捷、杂食性或植食性的兽脚亚目恐龙，生活于白垩纪的劳亚古陆（大致包括了现在的亚洲、欧洲、北美洲）。似鸟龙下目最早出现于早白垩世，并存活到了晚白垩世。似鸟龙下目恐龙的头颅骨很小，颈部纤细而长，拥有大大的眼睛。有些原始物种拥有牙齿，例如似鹈鹕龙和似鸟身女妖龙，但大部分似鸟龙类拥有没有牙齿的喙状嘴。

　　似鸟龙类恐龙可能是奔跑速度最快的恐龙之一，时速可达 35 ~ 80 千米。如同其他虚骨龙类，似鸟龙下目恐龙可能全身覆盖着羽毛，而非鳞片。

　　似鸟龙类是植食性或杂食性恐龙，因为没有牙齿，所以依靠吞食石子把胃里的食物磨成糊状进行消化。

似鸟身女妖龙骨骼

古似鸟龙骨架模型（中国古动物馆）

似鸟身女妖龙复原图（Sleveoc 86）
似鸟身女妖龙（*Harpymimus*），属兽脚亚目似鸟龙下目。生活于早白垩世，1.36 亿—1.25 亿年前。化石发现于蒙古国。比后期的似鸟龙更原始，它下颌仍然有牙齿。

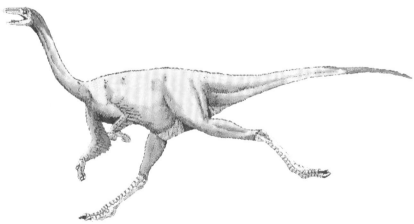

古似鸟龙复原图
古似鸟龙（*Archaeornithomimus*），意指它们是似鸟龙的祖先，属似鸟龙下目。生活于晚白垩世，约 8000 万年前。化石发现于中国。古似鸟龙约 3.3 米长、1.8 米高，体重约 50 千克。古似鸟龙是杂食性动物，以小型的哺乳动物、植物及果实、蛋等为食。

北山龙复原图（Nobu Tamura）

北山龙（*Beishanlong*），属兽脚亚目虚骨龙类似鸟龙下目。生活于白垩纪早期，1.25 亿—1 亿年前。化石发现于中国甘肃省。它是目前世界上发现的最大似鸟龙类，体长约 8 米，重约 620 千克，明显比似鸡龙大。

似金翅鸟龙复原图（Debirort）

似金翅鸟龙（*Garudimimus*），属似鸟龙下目最原始的物种，可能是杂食性恐龙。生活于晚白垩世，0.94 亿—0.7 亿年前。化石发现于蒙古国。身长近 4 米。似金翅鸟龙是早期似鸟龙类恐龙，后肢短而重，肠骨较短；与其他似鸟龙类相比，口鼻部较钝，眼睛较大。

似鸟龙生态复原图

似鸟龙（*Ornithomimus*），属兽脚亚目似鸟龙科。生活在晚白垩世，9750 万—6640 万年前。化石发现于中国西藏和北美洲。体长约 3.5 米，高 2.1 米，重 100～150 千克，看起来非常像现在非洲的鸵鸟，但它是二足植食性恐龙，有一双大大的眼睛，视野开阔，视力较好。似鸟龙的体型高大，轻巧苗条，骨头中空，后肢细长，长有三趾的脚，肌肉发达，非常适宜奔跑，长长的尾巴可以保持身体平衡，身上长有细细的羽毛，前肢有长长的羽毛，形如鸟的翅膀，末端有细长的趾爪，便于抓取食物。似鸟龙具有喙状的嘴，头小颅骨薄，脑腔特别大。

似鸡龙头部骨骼及其复原图（Sleveoc 86）

似鸡龙（*Gallimimus*），属似鸟龙下目。生活于晚白垩世，0.7 亿—0.65 亿年前。化石发现于蒙古国。似鸡龙最长可达 4～6 米，体重 440 千克。似鸡龙也许是最大型的似鸟龙类，它身材短小、轻盈而且后腿很长，身上长满了鸟类一样的羽毛，奔跑迅速，跨步很大，能逃脱多数捕食者的追捕。它像一只大鸵鸟，长着长脖子和没有牙齿的嘴。它的尾巴僵硬挺直，奔跑时有助于保持平衡。似鸡龙的前肢很短，手上长着 3 个爪，爪非常锋利。似鸡龙用爪拨开泥土，挖出蛋吃。多数情况下，以植物为食，也吃小昆虫，甚至还能捕食蜥蜴。

似鸵龙骨架标本

似鸵龙（Struthiomimus），是种类似鸵鸟的长腿恐龙，属兽脚亚目似鸟龙下目。生活于晚白垩世，7600万—7000万年前。化石发现于北美洲加拿大艾伯塔省。似鸵龙是种两足植食性或杂食性恐龙，身长约4.3米，臀部高度为1.4米，体重约150千克。

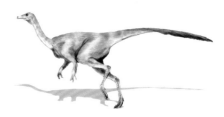

似鸵龙复原图（Nobu Tamura）

似鸸鹋龙化石，前方为中国鸟龙模型（加拿大自然博物馆）

奇异恐手龙生态复原图

奇异恐手龙（Deinocheirus mirificus），是最大的似鸟龙下目恐龙，杂食性，也是亚洲发现的最大兽脚亚目恐龙之一。生活在7000万—6500万年前，化石发现于蒙古国南部。身高近6米，体长13米，体重9.5吨，具有2.5米长的前肢和25厘米长的指爪，前肢可用来采集植物或抓食鱼类。奇异恐手龙最明显的特征是具有长长的吻部和凸起的背部，长毛。在化石腹部位置发现大量碎石，说明恐手龙像鸟一样靠吞食石头来磨碎消化食物。

似鸸鹋龙复原图（Arthur Weasley）

似鸸鹋龙（Dromiceiomimus），属似鸟龙下目，是双足快速奔跑的恐龙。生活于晚白垩世，8000万—6500万年前。似鸸鹋龙身长约3.5米，体重100~150千克。似鸸鹋龙的股骨有46.8厘米长，而其胫骨长度比股骨长20%，适合快速奔跑。似鸸鹋龙具有无齿喙嘴，可能是以昆虫、蛋、蜥蜴与小型哺乳动物为食。它的大眼睛显示它有敏锐的视觉，适合夜间捕食。

单爪龙复原图（Andrey Atuchin）及单爪龙重建骨骼（美国自然历史博物馆）

单爪龙（*Mononykus*），意为"单一的爪"，属手盗龙类阿瓦拉慈龙科。生活于晚白垩世，约7200万年前。化石发现于蒙古国。单爪龙是种小型恐龙，身长约1米，双脚长而敏捷，可以在沙漠平原上快速奔跑。单爪龙的头部小，牙齿小而尖，显示它们是以昆虫与小型动物为食，如蜥蜴与小型哺乳类。眼睛大，说明可在夜晚猎食。

兽脚亚目虚骨龙类手盗龙类阿瓦拉慈龙科恐龙

手盗龙类（Maniraptora）是虚骨龙类的一个演化支，是似鸟龙下目的姐妹群。手盗龙类主要包含：阿瓦拉慈龙科、镰刀龙下目、窃蛋龙下目、恐爪龙下目，以及鸟翼类。手盗龙类最早出现于侏罗纪，并存活到了现代，现今有10000多种鸟类都属手盗龙类。

手盗龙类的特征为细长的手臂与手掌，手掌具有3指，是唯一具有骨化胸板的恐龙。许多手盗龙类具有修长、往后指的耻骨，如镰刀龙类、驰龙类、鸟翼类、原始伤齿龙类。手盗龙类还演化出了鸟类才有的正羽与飞羽，是第一群有飞行能力的恐龙。手盗龙类是杂食性动物，以植物、昆虫和其他动物为食。

手盗龙类阿瓦拉慈龙科是一种小型、长后肢、善于奔跑的恐龙。最近的研究显示它们是群原始的手盗龙形类，具有高度特化的特征，前肢适合挖掘或撕裂，颌部延长、牙齿微小。它们以群居昆虫为食，如白蚁。阿瓦拉慈龙科的典型特征是：头部修长、形状平滑，手臂短而强壮，以及一个大型指爪。具有小而短的前肢，手掌退化，外形类似鸟类，小头，短身体，长尾巴，后肢细长，股骨短于胫骨，这些显示它可以快速奔跑。

以白蚁为食的足龙复原图（Funk Monk）

足龙（*Kol*），属阿瓦拉慈龙科。生活于白垩纪晚期，约7500万年前。化石发现于蒙古国。足龙是种衍化的阿瓦拉慈龙类，可能是同时期阿瓦拉慈龙类的近亲。

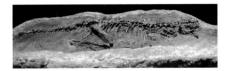

简手龙化石

简手龙复原图（Nobu Tamura）

简手龙（*Haplocheirus*），属小型手盗龙类阿瓦拉慈龙科。生活于侏罗纪晚期，1.6亿—1.58亿年前。化石发现于中国新疆准噶尔盆地。简手龙是已知最早、最原始的阿瓦拉慈龙科，其他阿瓦拉慈龙类都发现于白垩纪晚期的地层。简手龙比始祖鸟早了约1500万年。

角爪龙复原图（Nobu Tamura）

角爪龙（*Ceratonykus*），属兽脚亚目阿瓦拉慈龙科，生活于白垩纪晚期。化石发现于蒙古国。角爪龙是小型恐龙，后肢长，善于奔跑。

临河爪龙复原图（Nobu Tamura）

临河爪龙（*Linhenykus*），属原始阿瓦拉慈龙类，是目前已知最基础的单爪龙亚科物种，生活于白垩纪晚期。化石发现于中国内蒙古自治区。身长70厘米左右，股骨长约7厘米。

阿瓦拉慈龙骨架模型

阿瓦拉慈龙复原图（Karkmish）

阿瓦拉慈龙（*Alvarezsaurus*），属阿瓦拉慈龙科基础恐龙，比同科的单爪龙及鸟面龙更原始。生活于晚白垩世，8900万—8300万年前。化石发现于南美洲的阿根廷。阿瓦拉慈龙是小型恐龙，身长达2米，体重约20千克，两足行走，长尾巴，能快速奔跑。以虫为食。

亚伯达爪龙复原图（Cropbot）

亚伯达爪龙（*Albertonykus*），属手盗龙类阿瓦拉慈龙科。生活于晚白垩世，约7000万年前。化石发现于加拿大艾伯塔省。身长约70厘米，是已知最小型的阿瓦拉慈龙科恐龙。亚伯达爪龙具有极短的前肢、修长的后肢，长而坚挺的尾巴，手部只有一个手指，手指上有大型指爪，并有修长的口鼻部，内有微小的牙齿。它们类似现今的犰狳、食蚁兽，用单一指爪挖开树木，以里面的昆虫为食。因为阿瓦拉慈龙科恐龙前肢过短，所以不能挖掘洞穴。

鸟面龙复原图（Funk Monk）

鸟面龙（*Shuvuuia*），又名苏娃蒙古古鸟，属手盗龙类阿瓦拉慈龙科。生活于晚白垩世，8000万—6500万年前。化石发现于蒙古国。鸟面龙小型轻巧，约有60厘米长，是已知最小型的恐龙之一。头颅骨亦很轻巧，有修长的颌部及小型的牙齿。鸟面龙是有羽毛恐龙。后肢修长，脚趾很短，有奔跑的能力。前肢短而强壮，用来挖开昆虫（如白蚁）的巢，而细长的嘴部则用来吸食昆虫。

兽脚亚目虚骨龙类手盗龙类镰刀龙下目恐龙

镰刀龙下目是一群高度特化的兽脚类恐龙，也是唯一不食肉的兽脚类恐龙，而是以当时繁盛的裸子植物为食，生活在白垩纪时期。拥有相似的前肢、头颅骨和骨盆特征。镰刀龙下目与鸟类有更近的亲缘关系。化石发现于蒙古国、中国北部和东北部，以及北美洲西部地区。

镰刀龙类颈部长而强壮，腹部宽广，有4个脚趾。骨盆巨大，尾巴短，头颅骨小，具有弱的钉状牙齿，嘴的前部有无齿的喙。镰刀龙类体型相差较大，体长一般为4～5米，体重1～7吨。体型最大者是镰刀龙，体长约10米，最小者，如北票龙，身长有2.2米。

镰刀龙类最大的特征是前肢有特大而弯曲的指爪，用来抓取和切碎树枝，其中第二指爪最长，一般长30～60厘米，最长的是镰刀龙，第二指爪长约1米。镰刀龙类像中华龙鸟一样，身上普遍覆盖着原始的绒毛，可能是用来保暖，如北票龙，身上的羽毛较长，而且垂直于手臂。

北票龙化石及复原图（具有两种羽毛形态，徐星等研究并命名）

北票龙（*Beipiaosaurus*），属镰刀龙下目。生活于早白垩世，约1.25亿年前。化石发现于中国辽宁省北票地区。北票龙是一种长羽毛的植食性恐龙。身长约2.2米，臀高0.88米，体重约85千克。北票龙的喙没有牙齿，但有颊齿。北票龙的内趾较小。相对其他镰刀龙下目，北票龙的头部较大。

镰刀龙类蛋的内部构造（Pavel Riha）

慢龙的蛋巢

二连龙骨架

慢龙复原图（Funk Monk）

慢龙（*Segnosaurus*），意为"缓慢的蜥蜴"，属兽脚亚目镰刀龙下目。生活于晚白垩世，1亿—0.65亿年前。化石发现于蒙古国。与其他的镰刀龙类的区别是，慢龙有颌部中间的钉状牙齿及中等程度压缩的趾爪。

二连龙复原图（Funk Monk）

二连龙（*Erliansaurus*），属镰刀龙下目。生活于晚白垩世，7200万—6800万年前。化石发现于中国内蒙古自治区。二连龙的唯一化石是个亚成年个体，股骨长41.2厘米，生前身长约2.5米。估计其成年个体的身长4米，体重约400千克。

肃州龙复原图（Funk Monk）

肃州龙（*Suzhousaurus*），属镰刀龙下目。生活于白垩纪早期，1.45亿—1亿年前。化石发现于中国甘肃省俞子盆地。肃州龙比北票龙及铸镰龙更为进化，较阿拉善龙及镰刀龙原始。

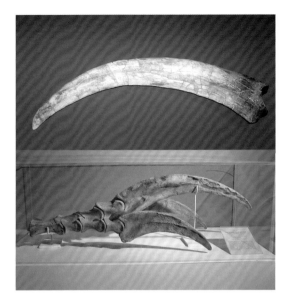

镰刀龙指爪模型及手掌模型

镰刀龙复原图（Apckryltaros）

镰刀龙（Therizinosaurus），意为"镰刀蜥蜴"。镰刀龙是种大型的镰刀龙下目恐龙，植食性。生活于晚白垩世，约 7000 万年前。化石首次发现于蒙古国。镰刀龙体重约 5 吨，是已知较晚期、最大型的镰刀龙类，也是最大型的手盗龙类。镰刀龙最显著的特征是手部的 3 个巨大指爪，指爪长而弯曲、狭窄。

死神龙复原图

死神龙（Erlikosaurus），又译为鄂力克龙，属镰刀龙下目。生活于晚白垩世，约 8000 万年前。化石发现于蒙古国。

阿拉善龙复原图（Conty）

阿拉善龙（Alxasaurus），属手盗龙类镰刀龙下目。生活在早白垩世，1.12 亿—1 亿年前。化石发现于中国内蒙古自治区。身长 3.8 米，站起身高 1.5 米，体重约 380 千克。前肢长 1 米，后肢长 1.5 米，身上、前肢和尾端有毛发，脖子长，尾巴短，趾爪短，用前肢爪将树叶送到嘴里，主要吃松柏类树叶。阿拉善龙是镰刀龙下目最早发现的恐龙之一，介于早期的北票龙和晚期的镰刀龙下目（死神龙、慢龙及镰刀龙）之间。在进化上，它与似鸟龙类有更近的亲缘关系。

南雄龙骨架

南雄龙复原图（Ladyof Hats）

南雄龙（*Nanshiungosaurus*），属镰刀龙下目，生活于晚白垩世。化石发现于中国。身长 4 米，有大型指爪。

懒爪龙头颅化石及复原图（Nobu Tamura）

懒爪龙（*Nothronychus*），又名伪君龙，属兽脚亚目镰刀龙下目。生活于晚白垩世，约 9000 万年前。懒爪龙是北美洲第一个发现的镰刀龙类，化石发现于美国新墨西哥州。懒爪龙是两足植食性恐龙，身长 4.5 ~ 6 米，高 3 ~ 3.6 米，体重约 1 吨。懒爪龙具小型头部，拥有许多叶状牙齿，适合切碎植物。颈部长而细。手臂长，手部灵巧，手指上有 10 厘米长的弯曲指爪。腹部相当大，后肢结实，尾巴短。懒爪龙的亚洲近亲拥有类似鸟类的特征，而且有羽毛压痕，说明懒爪龙覆盖有绒毛状羽毛，看起来类似食火鸡。

兽脚亚目虚骨龙类手盗龙类窃蛋龙下目恐龙

窃蛋龙下目是一类手盗龙类恐龙，生活于白垩纪，化石发现于亚洲、北美洲。它们普遍具有喙状嘴，长有羽毛，头顶有骨质冠饰。有的体型小如火鸡，像尾羽龙；体型大的身长约8米，重约1.4吨，如巨盗龙。

窃蛋龙类恐龙最明显的特征是普遍长有羽毛，尤其是前肢与尾巴上的羽毛更为突出，看起来像一把大的羽毛扇子。这些都是有羽轴且对称的羽毛，还不是鸟类的飞羽，所以，窃蛋龙类恐龙都不能飞行，就连滑翔能力也不具备。

大多数古生物学家认为，窃蛋龙下目是手盗龙类中，比恐爪龙类恐龙还要原始的一类恐龙。在蒙古国与我国内蒙古、东北辽西地区，发现了许多窃蛋龙类恐龙化石，著名的有尾羽龙、似尾羽龙、原始祖鸟、天青石龙等，最著名的当属窃蛋龙。

窃蛋龙生活在晚白垩世，约7500万年前，化石首次发现于我国北部的内蒙古自治区与蒙古国南部的戈壁沙漠上。窃蛋龙是比镰刀龙类更接近于鸟类的恐龙，体形较小，犹如火鸡，身长约2米，前肢长有三个趾爪，趾爪弯而尖锐，具有长长的尾巴，头顶上长有醒目的高高耸起的骨质头冠，比公鸡的头冠更高耸、更明显。后肢强壮而有力，行动敏捷，便

孵蛋姿势的窃蛋龙类——奥氏葬火龙标本

窃蛋龙复原图
窃蛋龙（*Oviraptor*），又名偷蛋龙，属窃蛋龙下目，是更接近鸟类的恐龙，身上有羽毛。

护蛋姿态的窃蛋龙骨架模型

窃蛋龙的蛋化石

于快速奔跑。它还可以像袋鼠一样用坚韧的尾巴保持身体的平衡。前肢末端和尾巴后段发育有羽毛。

1923 年，安德鲁斯带领美国的考察探险队伍，在中国北部的内蒙古自治区和蒙古国南部的戈壁沙漠上，进行古生物考察挖掘，发现了大量恐龙蛋和恐龙新物种化石。

在挖掘清理恐龙蛋化石时，一位名叫欧森的考察队技师在恐龙蛋旁边上面发现了散乱的肋骨碎片化石，部分成型的关节，四肢与腿骨化石，以及更大的骨骼，甚至还有一个破碎的头骨化石。考察队员觉得这些骨骼化石非常奇怪，是不曾知道的恐龙化石，状似鸟类。

在对这些化石研究中，当时，美国自然历史博物馆脊椎古生物学部主任、著名古生物学家奥斯本推测，这些零散破碎的化石说明，这只恐龙是在一次偷窃活动中死亡的，并由此编造了这样一个看似合理，却又十分荒诞的故事。奥斯本的故事是这样的，一只原角龙离开自己的巢窝，外出觅食，窃蛋龙趁机偷窃原角龙蛋，被恰巧返回的原角龙逮个正着，发现窃蛋龙正在偷窃它的蛋，愤怒之下，原角龙一脚踩碎了窃贼的脑壳，由此留下了这些残碎的骨骼化石。因此奥斯本将这只正在"偷蛋"的恐龙，命名为"窃蛋龙"（Oviraptor），拉丁文的意思是"偷蛋的贼"。

从此，窃蛋龙就背上这口"黑锅"，成为偷蛋的贼，其实是名不符实，窃蛋龙是被大大冤枉的。

直到 70 年后的 1993 年，美国自然历史博物馆的马克·罗维尔博士才为窃蛋龙平反昭雪，证明窃蛋龙不是"偷蛋的贼"，反而是一个有爱心的妈妈，是在用它那长而弯曲的前肢趾爪呵护自己的小宝宝。

事实得从 20 世纪 90 年代讲起。

1993 年，罗维尔博士在上述发现化石的同一个地点，在窃蛋龙化石的身边发现更多的、又类似的恐龙蛋，其中有一个蛋化石里还发现了一个窃蛋龙胚胎的细小骨头，从而确认，窃蛋龙妈妈根本不是在偷原角龙的蛋，被返回巢窝的原角龙一脚踩死，而是为了保护自己的蛋，是用它的长爪在呵护自己的小宝宝。

后来又对 1923 年发现的窃蛋龙骨骼化石进行复原，其姿势仿佛现在的母鸡孵蛋，两条后肢紧紧地蜷向身子的后部，两只如翅膀一样的前肢则向前伸展，呈护卫窝巢的姿势，犹如母鸡或鸽子等鸟类的孵蛋姿势。这证明至少某些恐龙种类已经具有孵化抚育能力。

　　窃蛋龙前肢长有羽毛，具备孵化能力，也证明它是恒温动物，已经有了鸟类的某些特征，这也是恐龙进化的标志性特征，从而也证明了恐龙是鸟类的直接祖先，鸟类是由恐龙进化而来的。窃蛋龙可能是鸟类的爷爷或祖爷爷辈。

　　至此，窃蛋龙70多年的冤假错案，终于昭雪。但按照古生物命名法原则，一旦被命名，即便错了，也不能更改，所以，"窃蛋龙"这个坏名字还是要继续叫下去，这个"黑锅"还得继续背下去。

　　不过，大多数人都知道了窃蛋龙是被冤枉的，它其实是一个称职的好妈妈。

小猎龙复原图（Funk Monk）

小猎龙（*Microvenator*），意为"迷你的猎人"，属兽脚亚目窃蛋龙下目。生活于早白垩世，1.45亿—1亿年前。化石发现于美国蒙大拿州。小猎龙是已知最原始的窃蛋龙类恐龙，肉食性。成年个体身长近3米。

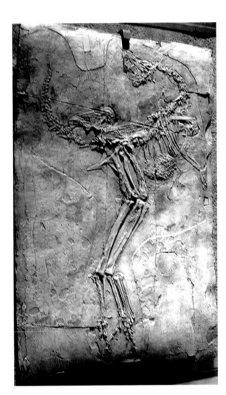

尾羽龙化石（芝加哥菲尔德博物馆）

邹氏尾羽龙复原图（季强等研究并命名）

尾羽龙（*Caudipteryx*），意思是"尾巴羽毛"，属窃蛋龙下目尾羽龙科，生活于早白垩世，约1.25亿年前。化石发现于中国辽宁西部义县组。尾羽龙有两个物种，分别是邹氏尾羽龙和董氏尾羽龙。尾羽龙具有兽脚类恐龙和鸟类的混合特征，头颅骨短而呈方形，口鼻部似喙状，上颌前端有少数长而锐利的牙齿。后肢长，躯体结实，能快速奔跑。尾羽龙的身体覆盖着短绒羽，尾巴及上肢有对称的正羽，上有羽枝与羽片，这些羽毛的长度为15～20厘米。由于尾羽龙的羽毛短小而对称，以及短手臂，所以说尾羽龙不能飞。尾羽龙个头如孔雀，是杂食性动物，有胃石。在某些植食性恐龙以及现代鸟类中，这些胃石位于沙囊。

巨盗龙骨架

拟鸟龙头颅骨骼化石

巨盗龙生态复原图（Nobu Tamura）

巨盗龙（*Gigantoraptor*），属窃蛋龙下目窃蛋龙科。生活于晚白垩世，约 8500 万年前。化石发现于中国内蒙古自治区二连浩特。巨盗龙体型更大，身长约 8 米，体重约 1.4 吨，是已知最大型的窃蛋龙下目恐龙。

单足龙指爪化石及复原图（Funk Monk）

单足龙（*Elmisaurus*），属兽脚亚目窃蛋龙下目近颌龙科，生活于晚白垩世。化石发现于蒙古国南戈壁省。

纤手龙头部、颈部化石（多伦多皇家安大略博物馆）及复原图（Arthur Weasley）

纤手龙（*Chirostenotes*），属窃蛋龙下目近颌龙科。生活于白垩纪晚期，约 8000 万年前。化石发现于加拿大艾伯塔省。特征是长手臂可折叠，指爪强壮，脚趾修长，长有像鹤鸵的高圆顶冠。体长约 2.9 米，臀部高 0.91 米，体重约 55 千克。杂食性或植食性，可能吃小型的蜥蜴、哺乳动物、蛋、昆虫或植物。

天青石龙复原图（Smokeyjb）

天青石龙（*Nomingia*），属窃蛋龙下目，肉食性。生活于晚白垩世，7500万—6500万年前。化石发现于蒙古国。身长约1.7米，体重约20千克。天青石龙的头上长有冠饰，尾部呈扇形，并拥有喙状嘴。

似尾羽龙复原图

似尾羽龙（*Similicaudipteryx*），生活于白垩纪早期，约1.2亿年前。化石发现于中国辽宁省。似尾羽龙与尾羽龙很类似，二者区别是，似尾羽龙具有尾综骨，背椎形状也不一样。鸟类的尾综骨位于尾巴末端，是羽毛的附着处。在窃蛋龙下目之中，目前只有天青石龙、似尾羽龙具有尾综骨。窃蛋龙类与鸟类的尾综骨可能是个别演化出现的。

奇异拟鸟龙复原图

拟鸟龙（*Avimimus*），意思是"鸟类模仿者"。生活于晚白垩世，约7000万年前。化石发现于蒙古国。拟鸟龙是一种小型恐龙，臀部高约45厘米，身长约1.5米。与身体比较，头颅骨相当小，但眼睛与脑部较大。

粗壮原始祖鸟生态复原图（季强和姬书安研究并命名，图片赵闯绘）

原始祖鸟（*Protarchaeopteryx*），属窃蛋龙下目，生活于早白垩世，约 1.25 亿年前。化石发现于中国辽宁省义县组。大小如火鸡，体长约 1 米，体重约 10 千克，植食或杂食性。原始祖鸟有长长的尾巴，身上发育羽毛。前肢修长，有三个趾爪，长有长而丰满的羽毛。后肢较长，肌肉发达。有大大的眼睛，嘴里布满牙齿。原始祖鸟是窃蛋龙下目中最原始的物种之一，比始祖鸟更原始，体型也大，但它仍是一只恐龙，而始祖鸟是最原始的鸟。原始祖鸟可能是树栖动物，只能在树枝间跳跃，捕食昆虫和一些小型动物，也吃一些树叶。

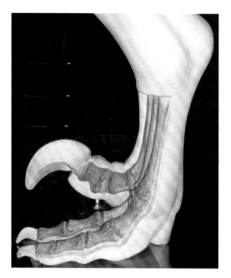

恐爪龙下目驰龙科恐龙脚趾构造模型

恐爪龙类恐龙行走或奔跑时，第二脚趾往上后缩，不着地，只有第三、第四脚趾着地。

振元龙化石

振元龙，属于手盗龙驰龙类，生活于 1.25 亿年前。化石发现于中国辽宁省。它是一种体型较大、前肢短小，并有羽毛的恐龙。

蓝斯顿氏蜥鸟盗龙骨骼（加拿大皇家蒂勒尔博物馆）

兽脚亚目虚骨龙类手盗龙类恐爪龙下目恐龙

　　恐爪龙下目属兽脚亚目虚骨龙类，是一群不属于鸟类，却与鸟类亲缘关系最近的恐龙。恐爪龙下目包括驰龙科和伤齿龙科，生活于晚侏罗世至白垩纪。它们是群两足肉食性或杂食性恐龙，是鸟类的直接祖先。

　　恐爪龙类最明显的特征是：后脚第二脚趾有大型、大幅弯曲的镰刀状趾爪，当它们行走、跑动时，第二脚趾往上后缩、不接触地面，只有第三、第四脚趾接触地面，承受身体的重量。

　　恐爪龙类的牙齿弯曲、边缘呈锯齿状。大部分恐爪龙类是掠食动物，某些小型物种可能是杂食性，尤其是小型伤齿龙。

手盗龙类恐爪龙下目驰龙科恐龙

　　驰龙科属近鸟类恐龙，体型为中至小型，肉食性，最早出现于 1.64 亿年前，存活到了 6550 万年前，在地球上大约生活了 1 亿年。驰龙科具有大型头部、锯齿边缘牙齿、狭窄口鼻部、眼睛向前，颈部长，呈 S 状弯曲，身体相当短，长有羽毛。第二脚趾上有大型、弯曲趾爪。其化石世界各地均有发现。在驰龙科中，最著名的是顾氏小盗龙，它的前肢与后肢上长有长长的飞羽，具有明显的"四翼"特征，已经具备了一定的飞行能力。

蜥鸟盗龙的掠食想象图

蜥鸟盗龙（*Saurornitholestes*），意为"蜥蜴鸟类盗贼"，属恐爪龙下目驰龙科，生活于晚白垩世，8300万—7000万年前。化石发现于北美洲加拿大艾伯塔省。它是种土狼大小的肉食性恐龙。身长约 1.8 米。

赵氏小盗龙复原图（徐星等研究并命名）

小盗龙（*Microraptor*），意为"小型盗贼"，属小型手盗龙类恐爪龙下目驰龙科恐龙。生活于白垩纪早期，1.3 亿—1.255 亿年前。化石发现于中国辽宁九佛堂组。小盗龙是已知最小的恐龙之一，身长 42 ~ 83 厘米，体重约 1 千克。目前已发现近 10 个化石。如同始祖鸟，小盗龙的发现证实恐龙与鸟类之间有紧密的演化关系。小盗龙的四肢与尾巴拥有长正羽。除此之外，小盗龙也是第一群被发现拥有羽毛与翅膀的恐龙之一。从理论上讲，小盗龙除了滑翔以外，偶尔还能飞行。

顾氏小盗龙生态复原图

顾氏小盗龙（*Microraptor gui*），是肉食性恐龙，生活于早白垩世。化石发现于中国辽西地区。它的躯干相对较短，尾巴比身体长。除身上长有绒羽状羽毛外，顾氏小盗龙醒目的特征是在其前肢、后肢及尾巴后部还发育着很长的扇形飞羽或尾羽。其前肢上飞羽的分布形式与现代鸟类的相似。最特别的是其后肢股骨、胫骨上亦发育有很长的羽毛，并与前肢上的飞羽类似。尾椎上发育较长的尾羽，向后逐渐变长。这种羽毛分布形式表明从兽脚类恐龙向鸟类的演化过渡之中，可能经过了一个四翼阶段，同时也表明这类小型恐龙可能已具备了一定的滑翔能力。科学家推测，它们利用四肢上的羽毛，可以从一棵树飞行到另外一棵树上，有点类似于今天鼯鼠的"飞行"方式。

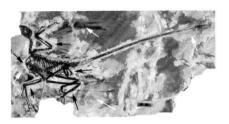

小盗龙骨骼化石

郑氏晓廷龙化石及复原图（徐星、郑晓廷研究并命名）

晓廷龙（*Xiaotingia*），是种小型有羽毛恐龙，属于恐爪龙下目驰龙科基础物种，而不是近鸟龙的近亲，近鸟龙归类于伤齿龙科。生活于侏罗纪中期或晚期，1.75 亿—1.5 亿年前。化石发现于中国辽宁西部。目前只有一个种：郑氏晓廷龙。郑氏晓廷龙是最小的兽脚类恐龙之一，体重约 800 克。它们具有圆锥形牙齿，脚掌具有特化的第二脚趾，前肢长而粗壮，后肢具有长飞羽，四肢呈现出典型的四翼状态。

似驰龙复原图（Funk Monk）

似驰龙（*Dromaeosauroides*），属兽脚亚目恐龙下目驰龙科。生活于早白垩世，约 1.4 亿年前。化石发现于欧洲。

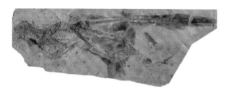

杨氏长羽盗龙化石

杨氏长羽盗龙（*Changyuraptor yangi*），属驰龙科小盗龙亚科。生活在早白垩世，约 1.25 亿年前。化石发现于中国辽宁省。体长约 1.2 米，体重 4 千克。具有修长的羽毛，与当今鸟类的羽毛极为相似。长有尖牙、利爪和长尾。长羽盗龙除身上覆盖羽毛外，前肢和腿部也长满羽毛，似有 4 个翅膀，因此拥有一定的飞行能力，是迄今发现的最大"四翼"恐龙。长羽盗龙尾部羽毛长达 30 厘米，这是除鸟类之外最长的羽毛。它靠尾巴在飞行中调整方向，落地时减速，确保安全着陆。

杨氏长羽盗龙生态复原图（韩刚等研究并命名）

顾氏小盗龙复原图

陆家屯纤细盗龙复原图（Funk Monk）（徐星、汪筱林研究并命名）

纤细盗龙（*Graciliraptor*），属驰龙科小盗龙亚科。生活于早白垩世，1.3 亿—1.255 亿年前。化石发现于中国辽宁省北票地区。纤细盗龙的股骨长度为 13 厘米，身长约 90 厘米。纤细盗龙是种相当轻型的兽脚类恐龙，中段尾椎、下肢相当延长。尾椎的后关节突延伸至后方尾椎，因此纤细盗龙的尾巴相当坚挺，这是驰龙科恐龙常见的尾部特征。

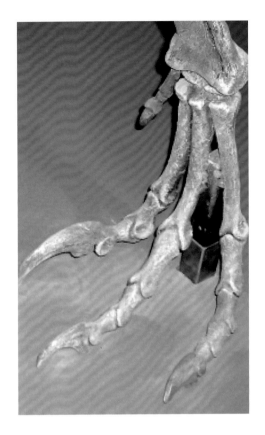

恐爪龙复原图（Domser）及脚趾化石

恐爪龙（*Deinonychus*），属驰龙科。生活于晚白垩世，1.15 亿—1.08 亿年前。化石发现于美国。恐爪龙最长可达 3.4 米，头颅骨最大可达 41 厘米，臀部高度为 0.87 米，而体重最高可达 73 千克。因为它的后肢第二趾上有非常大、呈镰刀状的趾爪，在行走时第二趾可能会缩起，仅使用第三、第四趾行走。一般认为恐爪龙会用其镰刀爪来刺伤猎物。恐爪龙是最著名的驰龙科恐龙之一，是迅猛龙的近亲，迅猛龙的体型较小。目前还没有发现恐爪龙有羽毛的证据。但某些驰龙科化石已发现有羽毛的直接与间接证据，显示这个演化支普遍具有羽毛。

西爪龙复原图（Nobu Tamura）

西爪龙（*Hesperonychus*），属驰龙科。生活于白垩纪晚期，约 7500 万年前。化石发现于加拿大艾伯塔省。西爪龙的身长小于 1 米，体重约 1.9 千克，是已知最小型的北美洲肉食性恐龙。

中国鸟龙骨骼标本（中国地质博物馆）

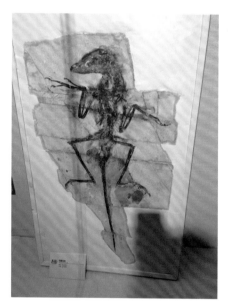

千禧中国鸟龙化石（香港科学馆）

千禧中国鸟龙生态复原图（徐星等研究并命名，图片赵闯绘）

中国鸟龙（*Sinornithosaurus*），意为"中国的鸟蜥蜴"，是种有羽毛恐龙，属兽脚亚目恐爪龙下目驰龙科。生活于早白垩世，1.245 亿—1.22 亿年前。化石发现于中国辽宁西部。中国鸟龙是第五个发现的有羽毛恐龙，最类似鸟类。其第一个标本发现于中国辽宁四合屯，属于义县组的九佛堂地层。中国鸟龙被认为是原始的驰龙科恐龙，其头部与肩膀非常类似始祖鸟及其他鸟翼类。

有羽毛版本的鹫龙生态复原图（Nobu Tamura）

鹫龙骨骼模型（菲尔德自然历史博物馆）

鹫龙（*Buitreraptor*），又名阿根廷鹫龙，属手盗龙类恐龙恐爪龙下目驰龙科。生活于白垩纪晚期的南美洲。鹫龙具长而像鸟类的手臂，可捕猎细小的动物，如蜥蜴及哺乳动物。它有着长腿，善于奔跑。它很可能有羽毛。鹫龙的生态位与现今的鹫鹰或与北美洲的伤齿龙相似。

大黑天神龙复原图（Nobu Tamura）

大黑天神龙（*Mahakala*），是种原始驰龙科恐龙。生活于晚白垩世，约 8000 万年前。唯一的化石发现于蒙古国南戈壁省。身长约 70 厘米，并具有早期伤齿龙科和鸟翼类的特征。虽然大黑天神龙出现很晚，但它却是最原始的驰龙科恐龙。大黑天神龙比其他原始恐爪龙下目的体型小，说明鸟类在演变出飞行能力以前，体型很小。

天宇盗龙复原图（Nobu Tamura）

天宇盗龙（*Tianyuraptor*），属恐爪龙下目驰龙科。生活于早白垩世，1.297 亿—1.221 亿年前。化石发现于中国辽宁西部。天宇盗龙比其他驰龙科恐龙明显更原始。模式标本拥有一些北半球驰龙科所没有的特征，之前仅发现于南半球。驰龙科及原始鸟翼类，叉骨较小，前肢较短。专家认为它们是过渡性物种。

肋空鸟龙复原图

肋空鸟龙（ *Rahonavis* ），属驰龙科。生活于晚白垩世，7000 万—6500 万年前。化石发现于非洲的马达加斯加西北部。身长约 70 厘米，第二脚趾有类似伶盗龙的镰刀状趾爪。肋空鸟龙是种小型掠食者，体型接近始祖鸟，类似迅猛龙。肋空鸟龙属于半鸟亚科，是半鸟的近亲。

临河盗龙复原图（ Nobu Tamura ）

临河盗龙（ *Linheraptor* ），属恐爪龙下目驰龙科，是一个奔跑能力很强、非常敏捷的猎食性恐龙。生活于晚白垩世，约 8000 万年前。化石发现于中国内蒙古自治区巴音满都呼地区。体长约 2.5 米，体重约 25 千克。

蒙古伶盗龙骨架模型（怀俄明恐龙中心）

蒙古伶盗龙生态复原图（Nobu Tamura）

伶盗龙（*Velociraptor*），又译为迅猛龙、速龙，属恐爪龙下目驰龙科。生活于晚白垩世，8300 万—7000 万年前。其模式种为蒙古伶盗龙（*V. mongoliensis*），化石发现于蒙古国和中国内蒙古自治区等地。体长 1.8 米。尖牙利爪，有长约 7 厘米的第二趾，这镰刀般的利爪是其捕杀猎物的重要武器，而其他两趾着地，可作支撑，能高速奔跑。捕猎时，一只脚着地，另一只脚举起"镰刀"，先用前肢上的利爪钩抓住猎物，然后一跃而起，用镰刀利爪扎进猎物的腹部，再以嘴用力撕咬猎物的脖子等致命之处，开膛破肚，置猎物于死地。

南方盗龙复原图

南方盗龙（*Austroraptor*），属驰龙科。生活于白垩纪晚期，约 7000 万年前。化石发现于南美洲的阿根廷。身长约 5 米，是目前南半球所发现的最大型的驰龙类恐龙。与其他驰龙类相比，南方盗龙的前肢相当短，其短小的前肢与身体的比例，可与暴龙相比。

南方盗龙骨架模型（皇家安大略博物馆）

半鸟复原图（Nobu Tamura）

半鸟（*Unenlagia*），又名若鸟龙，属兽脚亚目恐龙下目驰龙科，生活于晚白垩世。化石发现于南美洲。半鸟极度类似鸟类，与鹫龙有接近亲缘关系。

近鸟龙化石

近鸟龙复原图

近鸟龙（Anchiornis），又名近鸟，是小型有羽毛恐龙，属手盗龙类伤齿龙科。生活在侏罗纪中期或晚期，1.61亿—1.6亿年前。化石发现于中国辽宁。近鸟龙是目前已知最早的有羽毛兽脚亚目恐龙，也是一种原始近鸟类。近鸟龙与驰龙科的小盗龙有许多相似特征。近鸟龙的身长约34厘米，重量约110克，是已知最小型的恐龙之一。

杨氏中国鸟脚龙复原图

中国鸟脚龙（Sinornithoides），意为"中国的鸟类外形"，属恐爪龙下目伤齿龙科，生活在早白垩世，1.3亿—1.25亿年前。化石发现于中国内蒙古自治区。中国鸟脚龙是最小的肉食性恐龙之一，身长1米，可能以小型哺乳类与昆虫为食。

手盗龙类恐爪龙下目伤齿龙科恐龙

伤齿龙类恐龙长有羽毛，脑袋大，眼睛大而向前，第二脚趾类似于驰龙，但较小。伤齿龙已经有了鸟类的许多行为特征，比如其树栖时，头部藏在前肢下方，类似于现在的鸟类，这也是"鸟类起源于恐龙"理论的重要证据。著名的伤齿龙类有彩虹龙、近鸟龙和寐龙等。

最近发现的巨嵴彩虹龙化石，显示其身披五彩斑斓的羽毛，很像鸟类。

巨嵴彩虹龙体形娇小，大小如乌鸦，有着类似迅猛龙的头盖骨和尖锐锋利的牙齿，是一种两足食肉性恐龙，以捕捉小型的哺乳动物和蜥蜴为食。全身覆满羽毛，总体呈现黑褐色。头部羽毛呈红、绿、蓝三种颜色，颈部羽毛更加丰富多彩，呈红、黄、绿、蓝四种颜色，并相间分布，展开的羽翼犹如彩虹。巨嵴彩虹龙的尾羽有许多大型飞羽沿尾骨两侧对称排列，就像一个长长的芭蕉叶，比始祖鸟的尾巴要大，十分醒目，其大尾扇很可能在其"四翼"飞行中发挥着作用，这也表明尾部羽毛比翼部羽毛首先用于空中飞行。

巨嵴彩虹龙化石及复原图（徐星、胡东宇研究并命名）

巨嵴彩虹龙，意思是"有巨大羽冠的彩虹"，属伤齿龙科近鸟龙类。生活在1.61亿年前的晚侏罗世。它的眼睛上有鸟冠，看起来像骨骼组成的眉毛。2014年2月，河北省青龙县一个农民发现了一块带羽毛的完整恐龙化石。沈阳师范大学古生物学院胡东宇教授、中科院古脊椎动物与古人类研究所研究员徐星共同对该化石进行了研究，并命名为巨嵴彩虹龙。

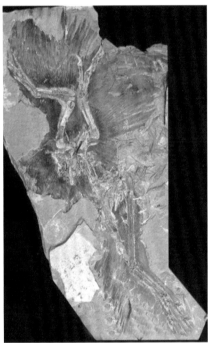

华美金凤鸟生态复原图（季强等研究并命名）

金凤鸟（*Jinfengopteryx*），属手盗龙类伤齿龙科。生活于早白垩世，约 1.22 亿年前。化石发现于中国河北省。身长约 55 厘米。

扎纳巴扎尔龙复原图（Funk Monk）

扎纳巴扎尔龙（*Zanabazar*），属恐爪龙下目伤齿龙科。生活于白垩纪晚期，1 亿—0.65 亿年前。化石发现于蒙古国的纳摩盖吐组。

赫氏近鸟龙化石

赫氏近鸟龙生态复原图（徐星等研究并命名，图片赵闯绘）

赫氏近鸟龙，是种小型有羽毛恐龙，属手盗龙类伤齿龙科。生活于约1.6亿年前的中晚侏罗世，比中华龙鸟早2000万年，化石发现于中国辽宁省，是目前发现的世界上最早的带毛恐龙化石，赫氏近鸟龙是恐龙向鸟类进化史上的关键环节。在其化石骨架周围清晰地分布着羽毛印痕，前肢、后肢和尾部都分布着奇特的飞羽。图片中是一对雄性和雌性赫氏近鸟龙。

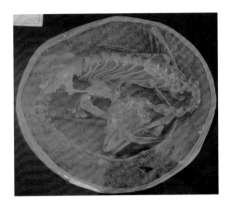

寐龙骨骼化石及生态复原图（徐星等研究并命名）

寐龙（*Mei*），属兽脚亚目伤齿龙类，一种鸭子大小的恐龙。生活于早白垩世，约 1.3 亿年前。化石发现于中国辽宁省北票地区。寐龙骨架保存着一种寐睡的姿态，故而得名。其头蜷曲在翅膀之下，类似一只卧睡在巢中的小鸟。这种行为与鸟类类似，显示出伤齿龙类不仅骨骼形态与鸟类相似，而且其行为学上也与鸟类有着最为亲密的关系。

张氏中国猎龙头骨化石及生态复原图

中国猎龙（*Sinovenator*），属恐爪龙下目伤齿龙科。生活于早白垩世，约 1.225 亿年前。化石发现于中国辽宁省的陆家屯。中国猎龙是伤齿龙科中目前发现的最原始的物种。科学家们发现它们与最原始的驰龙科、鸟翼类有共同特征，显示这三个近鸟类支系有相近亲缘关系。中国猎龙的体型类似鸡的大小，身长不足 1 米。它的前肢像鸟一样，有向两侧伸展的翅膀，身上具有从恐龙向鸟类演化的过渡特征，是"鸟类起源于恐龙"理论的又一重大证据。中国猎龙的前肢和尾巴上可能已经长有类似现代鸟类的羽毛。

胡氏耀龙骨骼化石

胡氏耀龙，属鸟翼类擅攀鸟龙科，代表了和鸟类关系最为接近的恐龙之一。生活于 1.76 亿—1.46 亿年前中侏罗世。化石发现于中国辽宁省。体长超过 40 厘米，长有 4 枚长约 20 多厘米的带状尾羽。其他羽毛均未形成类似鸟类的飞羽。虽然胡氏耀龙的前肢长于后肢，形成了类似原始鸟类的前肢，但由于没有飞羽，胡氏耀龙并不具有飞行能力。

兽脚亚目虚骨龙类手盗龙类鸟翼类恐龙

鸟翼类是指翅膀上长满羽毛的恐龙，并能拍打翅膀、可以飞行的所有物种，以及从这些物种演化而来的鸟纲。在兽脚亚目恐龙之中，目前已知最早具有动力飞行能力的物种是晚侏罗世的始祖鸟。

擅攀鸟龙科（Scansoriopterygidae）又名攀龙类，是鸟翼类的一个演化支，化石发现于中国辽宁的道虎沟地层，年代为侏罗纪晚期或白垩纪早期。擅攀鸟龙与树息龙是已发现的非鸟类恐龙中，第一群已明显适应树栖生活或半树栖生活的动物，它们可能大部分时间都待在树上。树息龙、擅攀鸟龙、耀龙的模式标本都包含了化石化的羽毛痕迹。擅攀鸟龙科的一个明显特征是具有最长的第三手指，如树息龙的长指可能用来捕食树洞中的虫子。

耀龙的化石保存了羽毛痕迹，是化石纪录里已知最早的纯装饰用羽毛。耀龙的尾巴羽片呈长带状，在构造上与现代鸟类的舵羽（尾巴的羽毛）不同。耀龙的身体也覆盖着简易的羽毛，由平行的羽枝构成，类似原始的有羽毛恐龙。针对耀龙与树息龙的尾巴羽毛，科学家指出，一种可能是炫耀性尾巴羽毛，在演化时间上早于飞羽；另一种可能是它们演化自可以飞行的祖先，而后失去了飞行的能力与飞羽。

耀龙复原图

耀龙（*Epidexipteryx*），意为"炫耀的羽毛"，属手盗龙类鸟翼类擅攀鸟龙科。生活于侏罗纪中期或晚期，1.68 亿—1.52 亿年前。耀龙目前只发现了一个化石，发现于中国内蒙古自治区宁城县，是一个保存良好的部分骨骼：头骨具有许多独特特征，外形类似窃蛋龙类、会鸟，以及镰刀龙类的头骨。尾巴附有 4 个长羽毛，羽毛可发现羽轴、羽片等构造。身长达 25 厘米，若加上尾巴的羽毛，耀龙的身长可达 44.5 厘米，接近鸽子的大小。科学家估计，耀龙体重 164 克。

树息龙复原图

树息龙（*Epidendrosaurus*），属手盗龙类鸟翼类擅攀鸟龙科。生活于侏罗纪中期，1.64亿—1.59亿年前。化石发现于中国辽宁宁城。它是非鸟类恐龙中第一类明显完全或半栖息于树上的恐龙。树息龙标本有化石化的羽毛轮廓。这个标本被认为是幼体，如麻雀般大小。

奇翼龙化石（郑晓廷）

擅攀鸟龙复原图（Matt Martyniuk）

擅攀鸟龙（*Scansoriopteryx*），是手盗龙类鸟翼类恐龙，树栖生活。目前仅在中国辽宁省发现一个未成年个体化石。擅攀鸟龙具有独特的、延长的第三手指，与树息龙是近亲。擅攀鸟龙拥有类似现代鸟类的羽毛，其中最明显的羽毛压痕拖曳在左前臂与手部。与树息龙相比，它尾巴较短。

奇翼龙生态复原图（徐星等研究并命名）

奇翼龙（Yi qi），属兽脚亚目擅攀鸟龙类。生活于晚侏罗世，约1.6亿年前，一种具有翼膜翅膀的小型恐龙，生活在树上，在树林间滑翔。它与鸟类亲缘关系非常近，可以说是具有蝙蝠翅膀鸟类的祖先。奇翼龙翅膀非常奇特，与其他似鸟龙和鸟类的翅膀完全不同。其头短粗，手部具极长的外侧手指，长有僵硬的丝状羽毛，更像原始羽毛，而不像其他似鸟恐龙和鸟类拥有的片状羽毛。奇翼龙的发现，为翼膜状飞行器官的趋同演化提供了一个绝佳的实证，其表明即便是在以羽翼为特征的鸟类支系上，也曾出现过翼膜翅膀。该研究成果由徐星、郑晓廷、舒克文和王孝理等人共同完成，被评为2015年度"十大地质科技进展项目"。

🪐 10.7
水生爬行动物

在恐龙时代，除陆地上兴盛的恐龙外，水中和空中的爬行动物也相当繁盛。前面介绍了三叠纪时期的鱼龙，这里着重讲述侏罗纪时期的鱼龙（真鼻龙、泰曼鱼龙、大眼鱼龙等）、蛇颈龙类、沧龙类等；空中爬行动物有鸟掌翼龙类、梳颌翼龙类、准噶尔翼龙类、神龙翼龙类等。可以说，在恐龙时代，陆地上恐龙称霸，天空中翼龙称王，水中有鱼龙、蛇颈龙和沧龙驰骋，它们几乎霸占了地球的陆地、海洋与天空。

侏罗纪鱼龙目

侏罗纪是鱼龙目广泛活跃的时代，并显示出种群的多样性，不同种类大小各异，其体长从 1 米到 15 米不等。这一时期，鱼龙目的形态变异已大大减少，与三叠纪时的前辈们相比并没有太多变化。在这不多的变化中，有一点是比较显著的，即这一时期的鱼龙都有明显鳍状肢、突出的背鳍和尾鳍，说明它们游动得既快又平稳，其次是眼睛变得更大，典型的如大眼睛鱼龙和泰曼鱼龙等，这或许表明部分鱼龙在向更深的水域进发。

鱼龙化石

鱼龙复原图

鱼龙（*Ichthyosaurus*），意思为"鱼类蜥蜴"，属鱼龙目，生活于侏罗纪早期。化石发现于比利时、英格兰、德国和瑞士。身长 2 米，背上有肉质的背鳍及大型尾鳍。雌性鱼龙直接产下幼体，即卵胎生。

一个 6.4 米长的真鼻龙标本

真鼻龙（Eurhinosaurus），属鱼龙目，生活于侏罗纪早期。化石发现于欧洲。真鼻龙是大型鱼龙类，身长超过 6 米。真鼻龙与其他鱼龙类相似，拥有类似鱼类的身体，包含背鳍、尾鳍与大的眼睛。真鼻龙的上颌为下颌的两倍长，且两侧拥有尖锐的牙齿，类似锯鳐科。

泰曼鱼龙头骨化石

三角齿泰曼鱼龙骨架模型

泰曼鱼龙攻击狭翼鱼龙想象图

真鼻龙复原图（Nobu Tamura）

真鼻龙的头颅化石

狭翼鱼龙化石（多伦多皇家安大略博物馆）

狭翼鱼龙复原图（Nobu Tamura）

狭翼鱼龙（Stenopterygius），又名狭翼龙，属鱼龙目狭翼鱼龙科，生活于侏罗纪中晚期。化石发现于英格兰、法国、德国和卢森堡。身长约 4 米。狭翼鱼龙的习性类似今日的海豚，大部分生活在海洋中，以鱼类、头足类及其他动物为食。

宽头泰曼鱼龙复原图（Dmitry Bogdanov）

泰曼鱼龙（*Temnodontosaurus*），又译为切齿鱼龙，属鱼龙目，生活于早侏罗世。化石发现于英国和德国。泰曼鱼龙是大型鱼龙类，身长超过 12 米。它们的最大特征是眼睛最大，眼睛直径近 20 厘米。生活于深海区，猎捕巨大的菊石与乌贼。

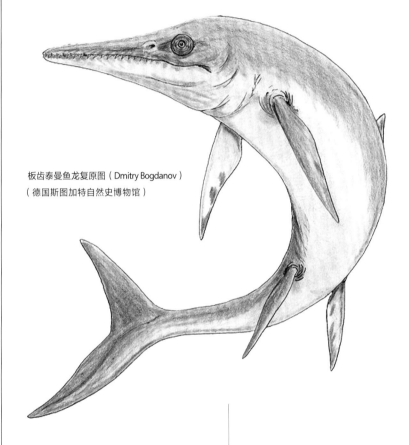

板齿泰曼鱼龙复原图（Dmitry Bogdanov）

（德国斯图加特自然史博物馆）

扁鳍鱼龙复原图（Dmitry Bogdanov）

扁鳍鱼龙（*Platypterygius*），又名宽鳍鱼龙，属鱼龙目大眼鱼龙科。化石发现于大洋洲、俄罗斯、美国、新西兰和西欧等地。

大眼睛鱼龙复原图（Nobu Tamura）

短鳍鱼龙复原图（Dmitry Bogdanov）

短鳍鱼龙（*Brachypterygius*），属鱼龙目大眼鱼龙科扁鳍鱼龙亚科，生活于侏罗纪晚期。化石发现于英格兰与俄罗斯的欧洲部分。

扁鳍鱼龙生态复原图（Dmitry Bogdanov）

大眼鱼龙化石骨架

大眼鱼龙（*Ophthalmosaurus*），意为"眼睛蜥蜴"，因有极大的眼睛而得名，眼睛直径达 10 厘米。生活于侏罗纪中晚期，1.65 亿—1.45 亿年前。化石发现于欧洲、北美洲和南美洲的阿根廷。它拥有海豚形状的优美外形，身长 6 米，没有牙齿，是捕食鱿鱼的结果。大眼鱼龙游泳速度可达每小时 2.5 千米。在 20 分钟内，可在 600 米水中潜个来回。

蛇颈龙类骨骼化石

蛇颈龙类海洋龙化石

蛇颈龙复原图

蛇颈龙是一类水生爬行动物，个体较大，因具有长而灵活的颈部而得名。体躯宽扁，四肢演化成鳍脚，像现代的海狮一样生活在海洋里，以鱼类为食。可分为长颈蛇颈龙和短颈蛇颈龙。最早出现在晚三叠世，繁盛于侏罗纪至白垩纪。

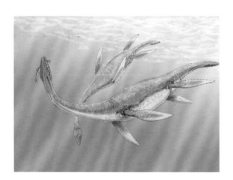

蛇颈龙复原图（Dmitry Bogdanov）

蛇颈龙目

蛇颈龙目（Plesiosauria）属较晚的鳍龙超目水生爬行动物。首次出现在三叠纪中期，约 2.3 亿年前，在侏罗纪特别繁盛，直到 6500 万年前灭绝。

典型的蛇颈龙类有宽广的身体与短尾巴。四肢演化成两对大型鳍状肢。蛇颈龙类从较早的幻龙类演化而来，幻龙类有类似鳄类的身体。主要的蛇颈龙类可用头部与颈部尺寸作为区别。

蛇颈龙类是当时最大的水生动物，它们体型比最大型的鳄类还大，也比它们的后继者沧龙类大。当时，蛇颈龙类在全球都有分布。

蛇颈龙目又分为蛇颈龙亚目和上龙亚目。

蛇颈龙亚目（Plesiosauroidea）属蜥形纲鳍龙超目蛇颈龙目，即长颈蛇颈龙，肉食性水生爬行动物，大部分是海生，如浅隐龙科、薄板龙科、蛇颈龙科。海洋龙体型类似于小型蛇颈龙类，颈部长，头部稍大，首次出现于晚三叠世，繁盛于早侏罗世，直到白垩纪与古近纪第六次生物大灭绝事件而灭绝。

上龙亚目（Pliosauroidea），意思是"有鳍蜥蜴"，属于蛇颈龙目，即短颈蛇颈龙，是种海生爬行动物，肉食性。生活于中生代的侏罗纪与白垩纪。化石发现于英格兰、墨西哥，南美洲、大洋洲，以及接近挪威的北极地区。

相较于蛇颈龙类，上龙类的特征是颈部明显短、头部长，体型大，身长 4～5 米，并呈流线形，行动快速且凶猛。长而强壮的颌部有多排锐利的牙齿，能抓住少数巨大的猎物。它们可能猎食鱼龙类或其他蛇颈龙类。嘴大、眼睛巨大，如同其他蛇颈龙类。适应于深海生活。

典型的上龙类包括：菱龙、滑齿龙、上龙和泥泳龙。

从左到右分别为：上龙、泥泳龙、滑齿龙、菱龙（均为 Nobu Tamura）

上龙亚目是一类灭绝的海生爬行动物，由蛇颈龙进化而来。与蛇颈龙比较，颈较短，头较长，颌更加坚硬，外观更具流线形，极善游泳，以乌贼、鱿鱼为食。

海霸龙复原图（Nobu Tamura）

海霸龙骨骼模型

海霸龙（Thalassomedon），又名海统龙，属鳍龙超目蛇颈龙目薄板龙科。生活于 9500 万年前的北美洲。它们的近亲为薄板龙。海霸龙身长 12 米，颈部有 62 个脊椎骨，长度约为 6 米，占了身长的一半。头颅骨长度为 47 厘米，牙齿长度为 5 厘米。鳍状肢长 1.5 ～ 2 米。在胃部曾发现石头，某些理论认为这些石头是作为压载物或是协助消化，当这些石头随着胃部运动而移动，可协助磨碎食物。

海洋龙生态复原图（Nobu Tamura）

海洋龙（Thalassiodracon），意为"海中的龙"，属小型蛇颈龙类。生活于三叠纪末期至早侏罗纪早期，2.03 亿—1.96 亿年前。化石发现于欧洲的英格兰森麻实郡。海洋龙体长 1.5 ～ 2.0 米，具有长的颈部，头颅比蛇颈龙稍大。

捕抓乌龟的硬椎龙骨架

硬椎龙（*Clidastes*），又名耀炬龙，属沧龙科，生活于白垩纪晚期。硬椎龙是相当小型的沧龙类，身长2～4米，最长6.2米，生活在浅海，动作相当敏捷、快速，以猎捕海面附近的鱼类或飞行翼龙类为食。

沧龙类

沧龙类（Mosasauridae）是一种体形如蛇形弯曲的海生爬行动物，属蜥形纲有鳞目硬舌亚目蛇蜥下目。有鳞类是身上覆盖着重叠鳞片的爬行动物。沧龙类从早白垩世的半水生有鳞目动物演化而来。在8500万年前，鱼龙类灭绝，上龙类与蛇颈龙类衰退，沧龙类后来居上，成为海中优势掠食者，称霸着海洋。

沧龙类体型一般较大，小者2米，大者10多米，形似鳗鱼，常呈优美的流线型，没有背鳍，有扁圆状尾鳍，依靠身体的伸缩和尾鳍摆动在水中游动。沧龙类曾分布于世界各地，均为肉食性，牙齿小而锋利，多以小型鱼类和水生无脊椎动物为食。

目前已知的沧龙类有：硬椎龙、沧龙、倾齿龙、圆齿龙、浮龙、大洋龙、海王龙、板踝龙、扁掌龙、哥隆约龙和海诺龙。

硬椎龙生态复原图（Dmitry Bogdanov）

沧龙及其生态复原图

浮龙复原图（Dmitry Bogdanov）

浮龙（*Plotosaurus*），意为"游泳的蜥蜴"，属沧龙科，生活于白垩纪晚期。化石发现于美国加利福尼亚州。它们的鳍状肢狭窄，尾鳍大，身体呈流线形，游泳速度可能比其他沧龙类快。浮龙的眼睛也相当大。

海王龙复原图（Dmitry Bogdanov）

海王龙（*Tylosaurus*），又名瘤龙、节龙，属沧龙科，是巨型的沧龙类，生活在晚白垩世。化石发现于美国。与现代巨蜥、蛇有亲缘关系。如同蛇颈龙类、鲨鱼，海王龙是海洋中优势掠食动物，可捕食鱼类甚至鲨鱼、小型的沧龙类、蛇颈龙类。

海王龙化石

倾齿龙复原图（Dmitry Bogdanov）

倾齿龙（*Prognathodon*），又名前口齿龙，是一种海生爬行动物，属沧龙科。眼睛四周有保护骨骼的环，显示生活在深海。化石发现于美国南达科他州与科罗拉多州及比利时、新西兰。以贝类为食。

大洋龙复原图（Nobu Tamura）

大洋龙（*Halisaurus*），属沧龙科。大洋龙的体型比起其他沧龙类相对较小，身长约 3～4 米。

哥隆约龙复原图（Dmitry Bogdanov）

哥隆约龙（*Goronyosaurus*），是种类似鳄鱼的沧龙类，生活于白垩纪晚期。化石发现于尼日利亚。

扁掌龙复原图（Dmitry Bogdanov）

扁掌龙（*Plioplatecarpus*），属沧龙科。生活于白垩纪晚期，约 8350 万年前。化石发现于美国堪萨斯州、阿拉巴马州、密西西比州、北达科塔州、南达科塔州、怀俄明州，以及加拿大、瑞典、荷兰等地。扁掌龙可能以小型动物为食。

海诺龙复原图（Dmitry Bogdanov）

海诺龙（*Hainosaurus*），属沧龙科。生活于晚白垩世的海洋，是顶级掠食者。海诺龙体型巨大，身长可达 12 米。可能会猎食海龟、蛇颈龙类、头足类、鲨鱼、鱼类，甚至是其他的沧龙类。

板踝龙复原图（Dmitry Bogdanov）

板踝龙（*Platecarpus*），意为"扁平的腕部"，属沧龙科。身长约 7 米。以鱼类、乌贼与菊石类为食。

海怪龙复原图（Dmitry Bogdanov）

海怪龙（*Taniwhasaurus*），是种肉食性海生爬行动物，属沧龙科，生活于晚白垩世。化石发现于新西兰、日本、南极洲。海怪龙是海王龙、海诺龙的近亲。

埃及圆齿龙复原图（Dmitry Bogdanov）

圆齿龙（*Globidens*），意为"球状牙齿"，属沧龙科。圆齿龙属于中型的沧龙类，身长为 6 米，拥有球状及流线型的身体、扁平的尾部与强而有力的下颌。捕食乌龟、菊石类、鹦鹉螺与贝类。

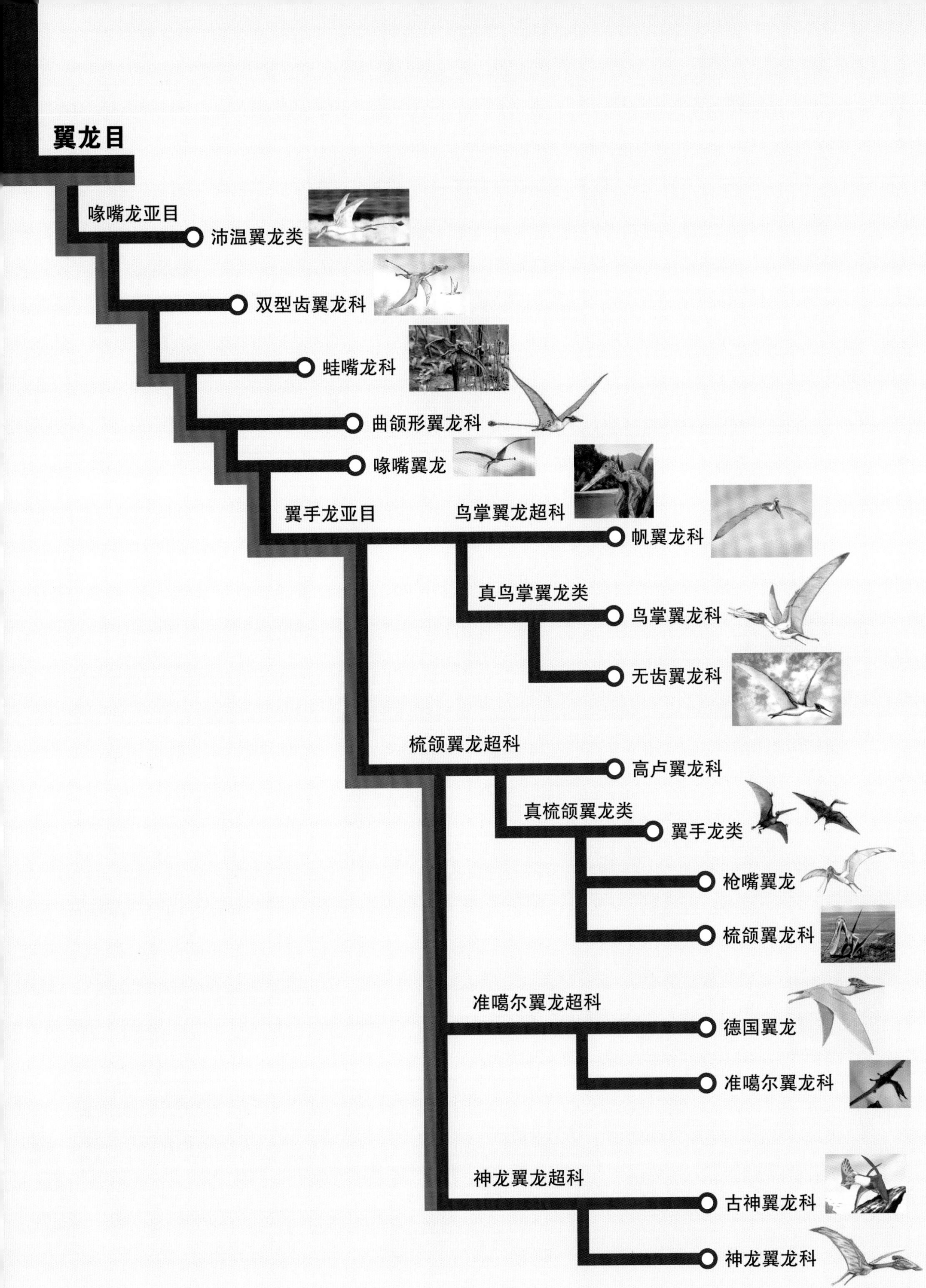

翼龙目

喙嘴龙亚目

沛温翼龙类

双型齿翼龙科

蛙嘴龙科

曲颌形翼龙科

喙嘴翼龙

翼手龙亚目　　　　鸟掌翼龙超科

帆翼龙科

真鸟掌翼龙类

鸟掌翼龙科

无齿翼龙科

梳颌翼龙超科

高卢翼龙科

真梳颌翼龙类

翼手龙类

枪嘴翼龙

梳颌翼龙科

准噶尔翼龙超科

德国翼龙

准噶尔翼龙科

神龙翼龙超科

古神翼龙科

神龙翼龙科

☄ 10.8
侏罗纪翼龙目

较为原始的翼龙目

前面章节介绍了三叠纪时期的翼龙。这里重点介绍侏罗纪时期的翼龙，其特点是形态较为原始，体型小，满嘴有小的牙齿。其中有的翼龙仍然保留三叠纪翼龙的特点，尾端有标状物，如悟空翼龙；有的头颅偏圆，长有大大的眼睛，尾巴短粗，如蛙嘴龙。

蛙嘴龙生态复原图

蛙嘴龙（Anurognathus），又称无颚龙、无尾颌翼龙，是种小型翼龙类，属喙嘴翼龙亚目蛙嘴龙科。生活于侏罗纪晚期的欧洲，1.55 亿—1.4 亿年前。身长只有 9 厘米，但翼展可达 50 厘米，同时长着一条短而粗硬的尾巴。蛙嘴龙有一个紧凑型的小脑袋，满口针状牙，这种粗短的头骨是原始翼龙类的特征。

悟空翼龙生态复原图

悟空翼龙（Wukongopterus），属基础翼龙目，生活于侏罗纪晚期。化石发现于中国辽宁省。悟空翼龙有长颈部、长尾巴。翼展约 73 厘米。悟空翼龙后肢之间有翼膜。悟空翼龙是喙嘴翼龙与翼手类翼龙之间的过渡物种。

悟空翼龙复原图（Nobu Tamura）

热河翼龙复原图

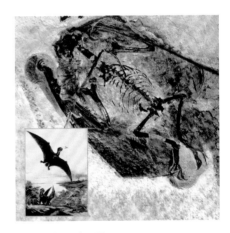

热河翼龙化石及复原图

热河翼龙（Jeholopterus），又名宁城翼龙，是一种小型蛙嘴龙科翼龙类。生活于中侏罗世或早白垩世。化石发现于中国辽宁。其化石上有毛与皮肤压痕，以发现地点热河命名。

喙嘴翼龙类

喙嘴翼龙亚目（Rhamphorhynchoidea）又名喙嘴龙亚目，是翼龙目两个亚目之一，属原始的翼龙类。翼手龙亚目从喙嘴翼龙类演化而来，而非更直系的共同祖先。喙嘴翼龙类是第一批出现的翼龙类，出现于晚三叠世，2.16亿—2.03亿年前。大多数喙嘴翼龙类有牙齿与长尾巴，大多数喙嘴翼龙类拥有牙齿与长尾巴，但缺乏冠饰，这些特点不像它们的翼手龙类后代，但其中某些喙嘴翼龙类有角质所形成的冠饰。喙嘴翼龙类通常体型较小，它们的手指仍然是用来攀抓的。

在侏罗纪末期，喙嘴翼龙类几乎消失。蛙嘴龙科的树翼龙，仍生存于白垩纪早期。发现于中国东北道虎沟化石层的悟空翼龙科，同时保留了早期喙嘴翼龙类和晚期翼手龙类的特征。

喙嘴翼龙化石及生态复原图
喙嘴翼龙（*Rhamphorhynchus*），又译为喙嘴龙，属喙嘴翼龙类，生活于侏罗纪。化石发现于英格兰、坦桑尼亚和西班牙等地。喙嘴翼龙与翼手龙生存于同一时代。它的尾端呈钻石状。喙嘴翼龙的颌部，布满向前倾的尖细牙齿。以鱼类、昆虫为食。

双型齿翼龙骨架及生态复原图（Dmitry Bogdanov）

双型齿翼龙（*Dimorphodon*），属翼龙目喙嘴翼龙类，是种中型翼龙类。生活于早侏罗世，2亿—1.8亿年前。化石发现于欧洲、北美洲。双型齿翼龙有大型头颅骨，长22厘米，头颅骨有大型洞孔，由纤细骨头隔开，大大减轻了头骨的重量。

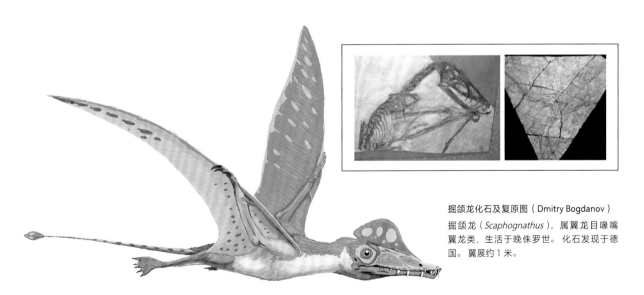

掘颌龙化石及复原图（Dmitry Bogdanov）

掘颌龙（*Scaphognathus*），属翼龙目喙嘴翼龙类，生活于晚侏罗世。化石发现于德国。翼展约1米。

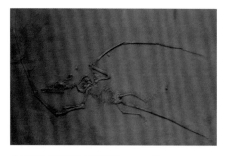

曲颌形翼龙化石及复原图（ДИБГД）

曲颌形翼龙（*Campylognathoides*），属翼龙目喙嘴翼龙类。生活于侏罗纪早期，约1.8亿年前。化石发现于德国。

矛颌翼龙化石（发现于德国侯兹马登，目前保存于瑞典乌普萨拉大学）及复原图

矛颌翼龙（*Dorygnathus*），属翼龙目喙嘴翼龙类。生活于早侏罗世，约1.8亿年前。化石发现于欧洲。矛颌翼龙的翼展约1.69米。头颅骨长，眼眶是头部最大型的洞孔。

索德斯龙化石及复原图（Dmitry Bogdanov）

索德斯龙（*Sordes*），属喙嘴翼龙类，是种小型、原始翼龙类，生活于侏罗纪晚期。以昆虫与两栖类为食。化石发现于哈萨克斯坦。

丝绸翼龙复原图（Nobu Tamura）

丝绸翼龙（*Sericipterus*），属翼龙目喙嘴翼龙类，生活于侏罗纪晚期。化石发现于中国新疆。丝绸翼龙的翼展约 1.73 米。头部有 3 个骨质冠饰，口鼻部有 1 个低矮冠饰，头部顶端也有低矮头冠，头冠前侧有横向突出，嘴中有尖锐的牙齿。

布尔诺美丽翼龙复原图（Matt Van Rooijen）

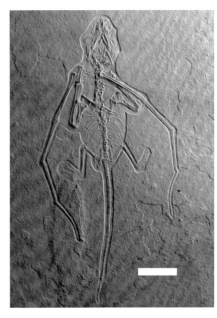

布尔诺美丽翼龙正模标本

布尔诺美丽翼龙（*Bellubrunnus*），属喙嘴翼龙类，生活于侏罗纪晚期，约 1.51 亿年前。化石发现于德国。生活于潟湖与沙洲环境。

达尔文翼龙化石

达尔文翼龙生态复原图

达尔文翼龙（*Darwinopterus*），属翼龙目悟空翼龙科。生活于侏罗纪中期，1.61 亿—1.605 亿年前。化石发现于中国辽宁西部。达尔文翼龙同时带有早期喙嘴翼龙类、后期翼手龙类的混合特征。粗齿达尔文翼龙的牙齿较粗壮，可能以外壳坚硬的甲虫为食。

纤弱梳颌翼龙化石

其他翼龙类

除喙嘴翼龙外，在晚侏罗世，还生活着其他翼龙，中小体型，喙部细长，牙齿密集，尾巴短粗，如梳颌翼龙、德国翼龙、翼手龙等。

梳颌翼龙头骨化石

梳颌翼龙（*Ctenochasma*），属翼龙目翼手龙亚目梳颌翼龙超科，生活于侏罗纪晚期。化石发现于德国、法国东部。最小的纤弱梳颌翼龙种，翼展长 25 厘米。梳颌翼龙的成年个体，具有骨质头冠；幼年个体则没有发现头冠。其最明显特征是，嘴里有多于数百个梳子状的小型牙齿，牙齿排列紧密，小而细长。它可能是滤食性动物。

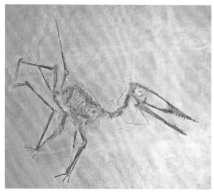

脊饰德国翼龙化石（上）及德国翼龙化石（下）

巨嘴德国翼龙复原图（Dmitry Bogdanov）

德国翼龙（*Germanodactylus*），又译日耳曼翼龙，属翼手龙亚目准噶尔翼龙超科，生活于晚侏罗世。化石发现于德国。德国翼龙大小如乌鸦。脊饰德国翼龙的颅骨长 13 厘米，翼展为 0.98 米；杆状德国翼龙的体型较大，颅骨长度为 21 厘米，翼展为 1.08 米。

翼手龙复原图

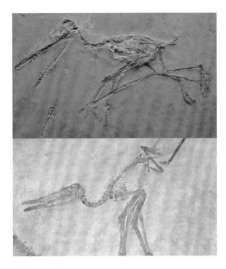

古老翼手龙化石

寇氏翼手龙化石（柏林洪堡大学自然博物馆）

寇氏翼手龙复原图

翼手龙（*Pterodactylus*），属翼龙目翼手龙亚目，是第一个被命名的翼龙类，生活在晚侏罗世。化石发现于欧洲、非洲等地。它们可能猎食鱼类和其他小型动物。翼手龙是中小型翼龙类，寇氏翼手龙的翼展为 50 厘米，巨翼手龙的翼展有 2.4 米。其他种的体型更小。

🪐 10.9
白垩纪翼龙目

翼手龙亚目鸟掌翼龙超科

努尔哈赤翼龙复原图（Nobu Tamura）

鸟掌翼龙超科是生存年代最晚的一群翼龙类，生活于 8350 万—6500 万年前。如同其他翼龙类，鸟掌翼龙超科是一类可飞行爬行动物，并且能在地面上移动。在翼龙类之中，鸟掌翼龙超科的前肢（不含翼指）、后肢比例差异大，前肢长度大幅超过后肢。当鸟掌翼龙超科在地面行走时，可能会采取不同于其他翼龙类的行走方式——在地面上采取四肢直立步态行走。

努尔哈赤翼龙生态复原图

努尔哈赤翼龙（*Nurhachius*），属翼手龙亚目鸟掌翼龙超科，生活于早白垩世。化石发现于中国辽宁省朝阳市。头颅骨长 31.5 厘米，翼长 2.5 米。

古魔翼龙骨架（北美洲古生物博物馆）

古魔翼龙复原图

古魔翼龙（*Anhanguera*），属翼手龙亚目鸟掌翼龙超科。生活于早白垩世，1.12 亿—9400 万年前。化石发现于南美洲的巴西。

一群帆翼龙正在吃河流中的剑龙类恐龙尸体想象图（Matt P. Witton）

帆翼龙（*Istiodactylus*），属鸟掌翼龙超科帆翼龙科，是中大型的翼龙类，生活于早白垩世。化石发现于英格兰维特岛。头颅骨长达 65 厘米，翼展长 5 米。帆翼龙有小而锐利的牙齿，适合捕食鱼类。最近研究认为帆翼龙可能是一种食腐动物。

中国帆翼龙复原图

中国帆翼龙（*Istiodactylus sinensis*），翼手龙亚目帆翼龙科。生活在早白垩世。化石发现于辽宁义县地区。头骨长 33.5 厘米，翼展 2.7 米。牙齿呈小刀状，上下颌牙齿分别为 15 颗。中国帆翼龙像现在的秃鹫一样，是一种食腐动物。

阔齿帆翼龙复原图（Dmitry Bogdanov）

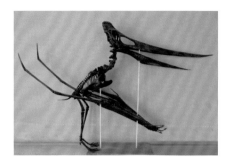

雌性乔斯坦伯格翼龙具有较小的头冠

无齿翼龙生态复原图

无齿翼龙（*Pteranodon*），属翼手龙亚目真鸟掌翼龙类无齿翼龙科。生活于晚白垩世，8930 万—7060 万年前。化石发现于北美洲。它是最大的翼龙类之一，翼展长达 9 米。

两个乔斯坦伯格翼龙骨架模型（加拿大皇家安大略博物馆）

乔斯坦伯格翼龙生态复原图

乔斯坦伯格翼龙（*Geosternbergia*），属翼手龙亚目鸟掌翼龙超科无齿翼龙科，生存于白垩纪晚期。化石发现于北美洲。翼展 3 ~ 6 米。

鸟掌翼龙头颅骨

鸟掌翼龙复原图（Nobu Tamura）

鸟掌翼龙正在攻击枪嘴翼龙想象图（Dmitry Bogdanov）

鸟掌翼龙（*Ornithocheirus*），属翼手龙亚目鸟掌翼龙科。生存于白垩纪早期，1.12亿—1.08亿年前。化石发现于欧洲、南美洲。翼展约6米，是最早出现的大型翼龙类之一，其他的大型翼龙类出现在9000万年前。最大的鸟掌翼龙翼展近12米，重量约100千克。

科罗拉多斯翼龙生态复原图

科罗拉多斯翼龙（*Coloborhynchus*），属鸟掌翼龙超科，生活于早白垩世。化石发现于北美洲、南美洲和欧洲。

西阿翼龙复原图（Smokeybjb）

西阿翼龙（*Cearadactylus*），属翼手龙亚目鸟掌翼龙超科。生活于白垩纪早期，化石发现于南美洲。它是大型翼龙类，尾巴长、颈部短，翼展 4 ~ 5.5 米，重约 15 千克。西阿翼龙可以主动飞行，类似现代鸟类的行为，以海生动物为食。

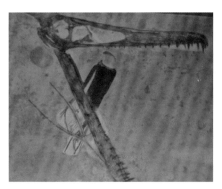

玩具翼龙化石及复原图（Funk Monk）

玩具翼龙（*Ludodactylus*），属翼龙目翼手龙亚目鸟掌翼龙超科，生活于早白垩世。化石发现于南美洲的巴西。

穆氏翼龙复原图（Karkemish）

穆氏翼龙（*Muzquizopteryx*），属鸟掌翼龙超科无齿翼龙科，生活于白垩纪晚期。化石发现于北美洲的墨西哥。翼展长 2 米，头顶有短而圆的头冠，往头后方延伸。

顾氏辽宁翼龙生态复原图（Dmitry Bogdanov）

辽宁翼龙（*Liaoningopterus*），属翼手龙亚目鸟掌翼龙超科，生活于早白垩世。化石发现于中国辽宁省朝阳市。辽宁翼龙是种大型翼龙类。头颅骨长 61 厘米，翼展 5 米，头颅骨长而低矮，上下颌的前端具有低矮冠饰。

秀丽郝氏翼龙生态复原图

郝氏翼龙（*Haopterus*），属翼手龙亚目鸟掌翼龙超科，生活于早白垩世。化石发现于中国辽宁省。郝氏翼龙的头颅骨长而低矮，长为 14.5 厘米。翼展约 1.35 米。郝氏翼龙有修长的后肢，在地面上以四足方式运动，它们可能以海岸的鱼类为食。

捻船头翼龙复原图（Nobu Tamura）

捻船头翼龙（*Caulkicephalus*），属翼手龙亚目鸟掌翼龙超科。生活于早白垩世，约 1.3 亿年前。化石发现于英格兰南部的维特岛。翼展约 5 米。捻船头翼龙以鱼类为食。

夜翼龙复原图（Dmitry Bogdanov）

夜翼龙（*Nyctosaurus*），属翼手龙亚目鸟掌翼龙超科，生活于晚白垩世，8580 万—8450 万年前。化石发现于美国中西部。因异常长的大型头顶冠饰而闻名。夜翼龙的翼上没有爪，只保留翼上的第四手指，不便于在地面上行走，故夜翼龙很少在地面上行走。夜翼龙比它的近亲无齿翼龙存活还久，直到白垩纪至古近纪生物大灭绝事件才灭绝。

南翼龙鬃毛状牙齿复原图

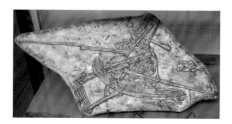

南翼龙化石（巴黎自然历史博物馆）

南翼龙（*Pterodaustro*），属翼手龙亚目梳颌翼龙超科。生活于白垩纪早期，约 1.4 亿年前。化石发现于南美洲的阿根廷和智利。翼展长 132 厘米，拥有大约 1000 颗长而狭窄的鬃毛状牙齿，可能以过滤方式捕食猎物，类似现代红鹤。

翼手龙亚目梳颌翼龙超科

梳颌翼龙超科的特征是有明显伸长的头颅骨，颌部像梳子一样，在喙状嘴里有密集的鬃毛状或弯曲针状的牙齿，便于捕食水中小鱼小虾等。

南翼龙生态复原图

飞龙头部复原图（Nobu Tamura）

飞龙（*Feilongus*），属翼手龙亚目梳颌翼龙超科，生活于晚白垩世。化石发现于中国辽宁省北票地区。头颅骨长 39 ~ 40 厘米。翼展约 2.4 米。飞龙在喙状嘴的前端拥有 76 颗长而弯曲的针状牙齿。

翼手龙亚目准噶尔翼龙超科

准噶尔翼龙超科恐龙化石大多发现于我国准噶尔盆地，并因此而得名，是中小型翼龙，尾巴短小，以鱼和昆虫为食。

准噶尔翼龙化石及复原图
准噶尔翼龙（*Dsungaripterus*），属翼手龙亚目准噶尔翼龙超科，生活于早白垩世。化石首次发现于准噶尔盆地。体长 0.9 米，两翼长 2.5 米，以鱼为食。

准噶尔翼龙（上）与湖翼龙（下）想象图（Apokryltaros）
湖翼龙（*Noripterus*），属翼龙目翼手龙亚目准噶尔翼龙超科，生活在白垩纪早期。化石发现于中国新疆准噶尔盆地。湖翼龙是准噶尔翼龙的近亲，两者生存于同一时代与地区。

森林翼龙化石及胚胎
森林翼龙（*Nemicolopterus*），属翼手龙亚目准噶尔翼龙超科。生存于早白垩世，约 1.2 亿年前。化石发现于中国辽宁省。森林翼龙的翼展仅为 25 厘米，是最小型的翼龙之一。森林翼龙的前爪与脚趾能抓在树枝上，生活在树冠上，以昆虫为食。森林翼龙与古神翼龙科（包含中国翼龙）生存于相同时代。

翼手龙亚目神龙翼龙超科

神龙翼龙超科是大中型翼龙，翼展较大，尾巴短小，多数头部具有十分醒目的骨质冠饰，冠饰主要作用是用来吸引异性、区别身份和调节体温。嘴里没有牙齿。著名的有雷神翼龙、风神翼龙等。

朝阳翼龙生态复原图
朝阳翼龙（*Chaoyangopterus*），属翼手龙亚目神龙翼龙超科，生活于早白垩世，1.3 亿—1.12 亿年前。化石发现于中国辽宁省朝阳地区。朝阳翼龙颅骨长 27 厘米，两翼长 1.85 米。以鱼为食。

谷氏中国翼龙生态复原图

浙江翼龙复原图（John Conway）
浙江翼龙（*Zhejiangopterus*），属翼手龙亚目神龙翼龙超科。生活于白垩纪晚期，化石发现于中国临海县的一个采石场。翼展约 3.5 米。

董氏中国翼龙生态复原图
中国翼龙（*Sinopterus*），属翼手龙亚目神龙翼龙超科，杂食性。生活于早白垩世，约 1.1 亿年前。化石发现于中国辽宁省朝阳地区。中国翼龙拥有相当大的头部，以及类似鸟类的喙状尖嘴，嘴部缺乏牙齿；头部上方有一个长骨质冠饰。董氏中国翼龙的头颅骨长达 17 厘米，翼展估计为 1.2 米。

包科尼翼龙复原图（Dmitry Bogdanov）
包科尼翼龙（*Bakonydraco*），属翼手龙亚目神龙翼龙超科，生活于白垩纪晚期。化石发现于匈牙利。它嘴部的长度为 29 厘米，翼展为 3.5 ~ 4 米。包科尼翼龙类似古神翼龙，可能以小鱼或青蛙为食。

古神翼龙生态复原图（Dmitry Bogdanov）

古神翼龙（Tapejara），又译为塔佩雅拉翼龙，属翼手龙亚目神龙翼龙超科，生活于白垩纪。化石发现于南美洲巴西。古神翼龙在体型上呈多样性，有些物种翼展长 6 米。每个物种有大小不同、形状各异的冠饰，作为与其他古神翼龙的信号与展示物。

古神翼龙头部复原图

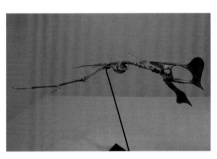

古神翼龙骨骼

伦纳德氏妖精翼龙骨架模型

妖精翼龙复原图（ДИБГД）

妖精翼龙（Tupuxuara），属翼手龙亚目神龙翼龙超科，生活于白垩纪早期。化石发现于巴西。妖精翼龙属于有头冠、没有牙齿的大型翼龙类。身长 2.5 米，翼展为 5.4 米，头颅骨长度为 90 厘米。生活在南美洲的海岸边，以鱼类为食。

哈特兹哥翼龙复原图（Nobu Tamura）

哈特兹哥翼龙（Hatzegopteryx），属大型神龙翼龙超科。生活于晚白垩世，7000 万—6500 万年前。化石发现于罗马尼亚。翼展可达 12 米，甚至更大。

掠海翼龙骨架模型

磷矿翼龙复原图（Funk Monk）

磷矿翼龙（*Phosphatodraco*），属翼手龙亚目神龙翼龙科，生活于白垩纪晚期。化石发现于非洲摩洛哥。磷矿翼龙是生存于白垩纪至古近纪灭绝事件前的翼龙类之一，同时也是第一种发现于北非的神龙翼龙科。

掠海翼龙生态复原图（ДИБГД）

掠海翼龙（*Thalassodromeus*），属翼手龙亚目神龙翼龙超科，是大型翼龙类，有巨大头部冠饰。生活于白垩纪早期，约 1.08 亿年前。化石发现于巴西东北部。掠海翼龙与其近亲古神翼龙共同生存于同一地域。头颅骨的长度为 1.42 米，而头冠占了 75% 的表面。口鼻部尖，缺乏牙齿。翼展长 4.5 米。

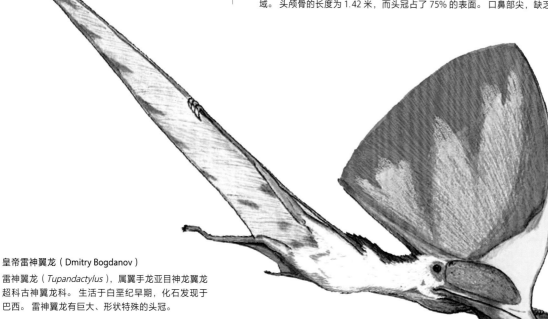

皇帝雷神翼龙（Dmitry Bogdanov）

雷神翼龙（*Tupandactylus*），属翼手龙亚目神龙翼龙超科古神翼龙科。生活于白垩纪早期，化石发现于巴西。雷神翼龙有巨大、形状特殊的头冠。

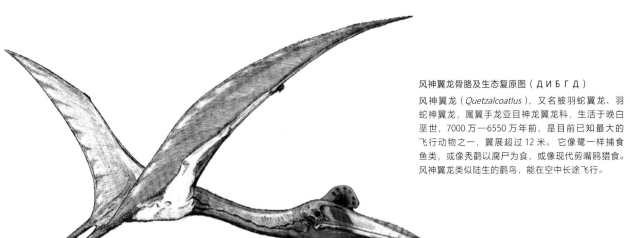

风神翼龙骨胳及生态复原图（Д И Б Г Д）

风神翼龙（*Quetzalcoatlus*），又名披羽蛇翼龙、羽蛇神翼龙，属翼手龙亚目神龙翼龙科，生活于晚白垩世，7000万—6550万年前，是目前已知最大的飞行动物之一，翼展超过12米。它像鹭一样捕食鱼类，或像秃鹳以腐尸为食，或像现代剪嘴鸥猎食。风神翼龙类似陆生的鹳鸟，能在空中长途飞行。

第十一章

鸟类时代

有一个经典的问题：鸡生蛋，还是蛋生鸡？这个问题通常被用来形容无限因果链，无法给出明确的答案。

但如果从生物进化论的角度来论述这个问题，并从基因变异角度去分析，答案其实是显而易见的。可以这么说，鸡生的蛋一定是鸡蛋，而生第一只鸡的蛋，一定是蛋，却不一定是鸡蛋。生下这个蛋的是一种鸟，它的后代长成了现代家鸡的祖先——原鸡；甚至再往前追溯，还可以一直追溯到某一只长毛恐龙的蛋，从蛋里孵出了如今被认为是具有原始性状的鸟类的始祖鸟。始祖鸟的蛋不是鸡蛋，但确实是这种"鸟蛋"演化并孕育出了鸡。

鸟类的祖先是恐龙，这已被科学研究证实。根据古生物学、分子生物学以及基因技术研究，一种长毛恐龙，如近鸟龙或小盗龙是鸟类最近的共同祖先。

在晚侏罗世或早白垩世，气候变得寒冷，早期的兽脚类恐龙的基因发生突变，在自然选择下，首先长出绒毛，如中华龙鸟，以便适应环境变化或保暖，或求偶的需要。兽脚类恐龙在前肢上和尾巴末端长出了既保暖又漂亮的羽毛，如尾羽龙和原始祖鸟（属窃蛋龙类）。

无论是恐龙，还是鸟类，动物每一次形态特征的进化都是基因突变造成的。动物体是由万亿个细胞组成的，而每个细胞内含有以亿计的碱基对，每个动物都是由一个受精卵不断分裂形成的，细胞的分裂就是细胞的复制过程。在细胞复制过程中，当编码基因的 DNA 片段出现差错时，就是基因突变，细胞内有一种氨基酸，负责纠正这种复制错误，即便如此，也有十亿分之一的概率差错。千百万年里，一代传一代，基因的变异就会越来越多，再加之环境因素的剧烈影响，即自然选择的作用导致基因适应性变异，甚至基因适应性突变，从而产生新的物种。

脊椎动物体内有两类细胞，一类是体细胞，构成各

麝雉

麝雉（*Opisthocomus hoazin*），属鸟纲麝雉目麝雉科，是世界上现存最原始的鸟类之一。生活在南美洲热带雨林，长有羽冠。成鸟体长 50 ~ 70 厘米，体重不足 1 千克。上体羽毛呈咖啡色，稍杂有白斑，下体和羽冠均呈淡红褐色，脸部裸出的皮肤呈蓝色。栖息于南美洲亚马孙河流域的水淹森林中。麝雉的化石最早发现于法国的始新世晚期地层（约 4000 万年前）；在哥伦比亚的上中新世地层（2300 万—100 万年前）中也有发现。麝雉极擅长攀爬，不善于飞行，成鸟能笨拙地飞行短距离，但它却擅长游泳，常常在水面上方的树枝上筑巢。幼鸟的前肢具两个爪，类似于始祖鸟和孔子鸟，但并非原始性状，而是对攀缘生活的特殊适应。麝雉一生下来，每个翅膀上就长有两只爪子，用于攀登，3 周后，这两只爪子消失。由于麝雉身体里散发出一种浓烈的霉味，因此才称作麝雉。麝雉雌雄相似。食物以叶片、花、果实等为主，有时也吃小鱼、虾蟹。喜群居，白天常常大群栖息于河边的树上，不时发出尖叫声。

种器官，体细胞内的遗传信息，不会像生殖细胞那样遗传给下一代；另一类是生殖细胞，就是精子和卵子。

如果基因突变只发生于父母的体细胞内，那么这种基因突变不能遗传给下一代；如果基因突变发生在父母生殖细胞中，通过精子与卵子的结合，形成受精卵，那么这种基因突变就会遗传给下一代，更有可能在极端条件下形成新物种。

可以说，生命进化史上的每一次巨大飞跃，新物种的诞生，都是由生殖细胞基因突变造成的。

基因突变是一把双刃剑，既可以产生新的物种，又可能形成癌变，比如人类的许多癌症就是基因突变造成的。只有"父母"生殖细胞（或受精卵）的突变有益于该物种的生存和繁衍时，这种突变才能延续，才能遗传下去，这就是自然选择，适者生存的原则。

刚出生不久的麝雉

由此看出，父母生殖细胞的突变（精子或卵子突变，或者精子卵子都发生突变）是通过受精卵遗传下去的，对于爬行动物或鸟类来说，是通过受精"蛋"，传递给下一代的，而下一代与父母可能在形态特征上完全不同，甚至是一个新的物种。这里所说的父母，或者是长毛恐龙，或者是鸟类，而受精蛋孵出的新物种，或者是鸟类或者是最早的鸡。由此得出结论，是先有基因突变的受精蛋，然后才有鸡；或者先有受精的蛋，然后才有鸟。总之，无论是鸟还是鸡，都是先有基因突变的受精蛋，即"蛋"在前面，鸡或鸟在后面。

🪐 11.1
鸟类概述

最为知名的原始鸟类是发现于德国的始祖鸟，以及中国辽西的热河鸟、孔子鸟、会鸟、神州鸟等。这些生活于侏罗纪晚期、白垩纪早期的鸟，尽管还很原始，但已开始具备现代鸟类的特征。它们从"恐龙"这个群体中"脱颖而出"，逐渐演化、繁衍为今天遍布全球，拥有万余个种类的天空统治者。

鸟的特征：两足，前肢为翅膀；心脏由2个心房、2个心室组成，属4缸型心脏；具有有氧血液与无氧血液完全分开的双循环系统；属恒温脊椎动物，体温较高，通常为42摄氏度；卵生，多数鸟具孵卵行为；全身覆盖有羽毛，有坚硬的喙，古鸟有牙齿，现生鸟无牙齿；身体呈流线形或纺锤形，大多具飞行能力，树上栖息生活，而且多数是"建筑"高手；有气囊和发达的胸肌，采用胸－囊式呼吸，利于飞行。

脊椎动物进化史上的第六次巨大飞跃是长羽飞行，体温恒定，代表性的动物是始祖鸟和热河鸟。

鸟类的呼吸方式与爬行动物和哺乳动物的呼吸方式完全不同。鸟类的呼吸系统与兽脚类恐龙一样，由肺与气囊构成。鸟的体腔内有九个气囊，与肺相通，采用胸－囊式呼吸方式。吸气时，一部分空气在肺内进行气体交换后进入前气囊；另一部分空气经过支气管直接进入后气囊；呼气时，前气囊中的空气直接呼出，后气囊中的空气经肺呼出，又在肺内进行气体交换。这样，在一次呼吸过程中，肺内进行了两次气体交换，因此叫做双重呼吸。鸟类进化出气囊，实行"双重呼吸"，是鸟类为了适应飞翔生活的需要。

目前，在南美洲热带雨林发现了一种最原始的鸟——麝雉，其幼鸟的翅膀上长有爪子，成年后爪子消失。有人认为这是一种"返祖现象"，犹如翅膀上长有爪子的中华龙鸟、原始祖鸟、尾羽龙、小盗龙等长毛的兽脚类恐龙。

羽毛的演化

通过化石研究可以发现，最初的原始羽毛是一根根空心的单根毛丝，叫管状羽毛，它是由鳞片演化而成的，后来管状羽毛变为一簇簇绒毛。羽毛的进化也遵守"基因变异，自然选择，适者生存"的自然法则，逐渐变为现生鸟类的羽毛。羽毛的演化史，正是鸟类称霸天空的历史。

羽毛的演化大致分五个阶段：（1）最初，爬行动物的鳞片延长形成原始的管状羽毛，如天宇龙、帝龙的羽毛；（2）管状羽毛进一步演化出根部束在一起的簇状羽毛，主要用来保暖，如中国鸟龙的羽毛；（3）然后是鳞片中部增厚形成羽轴，进而出现未分叉的对称羽毛，仍然起保暖作用，如原始祖鸟的羽毛；（4）再进一步长出羽小枝和羽小钩等复杂构造的分叉对称羽毛，有这种羽毛的恐龙就会滑翔了，如小盗龙的羽毛；（5）最终这种分叉对称的羽毛进一步演化出不对称的羽毛，叫飞羽，只有进化出飞羽的恐龙或鸟类，才能够飞行或飞翔，如近鸟龙、始祖鸟等。

经过空气动力学试验证明，对称的羽毛在风的吹动下，羽毛自身只会发生旋转，不能协助飞行，只有不对称的飞羽才有助于鸟儿飞行。现代鸟类的不对称羽毛出现在翅膀上，用于控制飞行，但彩虹龙的不对称羽毛长在长长的尾巴上，这说明早期的类鸟型恐龙可能与现在鸟有完全不同的飞行风格。

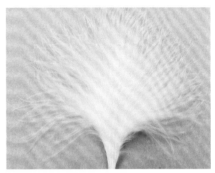

羽毛的演化过程
从上到下分别为：管状羽毛、簇状绒毛、未分叉的对称羽毛、分叉的对称羽毛、不对称羽毛。

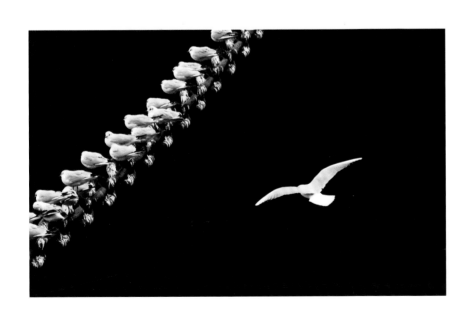

海鸥拥有长长的双翼与美丽而不对称的尾羽，图中的海鸥正在波涛汹涌的海面上搜寻猎物。

雄鹰进化出宽大的双翅与发达而不对称的飞羽，图中的雄鹰双目圆睁，八爪张开，正在抓捕猎物。

11.2
最早最原始的鸟

　　最早最原始的鸟主要是生活在晚侏罗世至早白垩世的鸟，它们是由长有羽毛的恐爪龙进化而来的鸟类，如始祖鸟、热河鸟、中华神州鸟等，它们仍保留有恐龙的某些特征，如嘴里仍有牙齿，翅膀的末端仍有趾爪、尾巴有尾椎骨等。

　　中生代的鸟类主要包括三大类，一类是原始的基干鸟类，如始祖鸟、热河鸟、孔子鸟和会鸟；其他两类是反鸟类和今鸟类。

　　迄今为止，始祖鸟是地球上出现的第一只鸟，可能是所有鸟类的祖先。始祖鸟体型中等，体长约 0.5 米。它的翅膀末端呈阔圆形，羽毛与现在鸟类羽毛在结构构造上极为相似，飞羽具有高度的不对称性，说明始祖鸟已经具有一定的飞行能力。但始祖鸟仍保留许多兽脚类恐龙的特征，比如，始祖鸟嘴里有细小的牙齿，尾巴是长长的尾椎骨，脚有 4 个趾爪，翅膀末端有 3 根手指，指爪弯曲，颈椎、胸椎有气囊，这些都是现在鸟类所不具有的特征。所以，古生物学家把始祖鸟当作兽脚类恐龙与鸟类之间的关键过渡物种。始祖鸟就成为第一只由兽脚类恐龙突变为鸟类的动物。

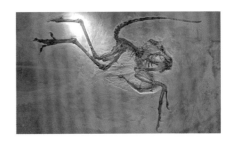

始祖鸟索伦霍芬标本

始祖鸟柏林标本

印石板始祖鸟模型（Dudo）

始祖鸟复原图

始祖鸟（*Archaeopteryx*），属兽脚亚目始祖鸟科。生活于晚侏罗世，1.55 亿—1.5 亿年前。化石分布在德国南部索伦霍芬石灰岩矿床。它的德文名字意指"原鸟"或"首先的鸟"。同时始祖鸟拥有鸟类及兽脚类恐龙的特征。

热河鸟复原图

热河鸟（Jeholornis），又称神州鸟（Shenzhouraptor），属原始的鸟类，生活于晚白垩世，1.45亿—1.25亿年前。化石发现于中国辽西，由周忠和院士发现并研究，是中国境内发现的"第一只鸟"。它是真正的鸟，体长约45厘米，有长的手指、脚及有明显尾椎的尾巴，有发达的嗉囊，吃植物的种子。尽管仍有许多恐龙的特征，如翅膀上保留有趾爪，有尾椎骨，嘴里仍有牙齿（但已严重退化），尾巴的结构也较似恐龙，但总的来说，它比始祖鸟更接近现代鸟类，其翼、胸腔及颅骨有更多鸟类的特征。它的翼较圆及阔，更似鸡或苍鹰。

热河鸟化石

中华神州鸟骨骼化石

中华神州鸟复原图（季强等研究并命名）

中华神州鸟（Shenzhouraptor sinensis），真正具有一定的飞行能力，也归于初鸟类，是我国发现的最原始鸟类，代表了恐龙向鸟类演化过程中的又一中间环节。生活于早白垩世，1.2亿—1.1亿年前。化石发现于中国辽西。中华神州鸟要比德国的始祖鸟进化，如嘴里没有牙齿，前肢比后肢长得多等，但是在另外一些特征上，中华神州鸟却显示出浓厚的原始色彩，如其尾巴比德国始祖鸟略长，脚的第一趾像其他典型的兽脚类恐龙那样没有反转，趾爪仍旧朝后，表明其脚趾还不具有"对握"或"抓握"功能。其发现有力地支持了鸟类的"陆地奔跑"飞行起源理论。

杜氏孔子鸟生态复原图

杜氏孔子鸟（*Confuciusornis dui*），一种较圣贤孔子鸟小的原始鸟类。其双弓形头骨是鸟类起源于初龙类的最新证据。生活于早白垩世，化石发现于中国辽西地区。

孔子鸟（*Confuciusornis*），是一种古鸟属，生活于白垩纪早期，1.25 亿—1.2 亿年。化石发现于中国辽宁省北票的热河组。化石标本中，孔子鸟的骨骼结构十分完整，有着清晰的羽毛印迹。

杜氏孔子鸟骨骼化石

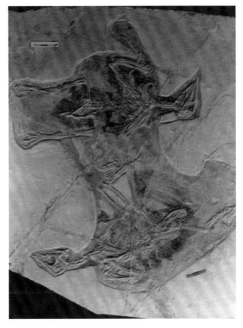

孔子鸟骨骼化石

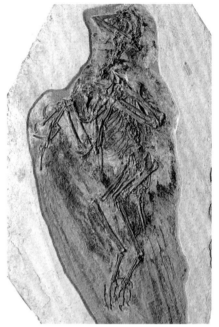

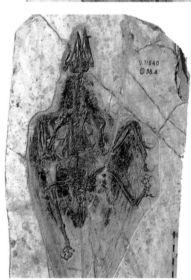

圣贤孔子鸟化石及生态复原图（侯连海等研究并命名）

圣贤孔子鸟（ *Confuciusornis sanctus* ），是目前发现的除德国始祖鸟外，世界上最早、最原始的鸟类。它头骨上下颌均无牙齿而具粗壮的角质喙，是世界上最早出现角质喙的古鸟类，是热河动物群第一个在世界范围内引起轰动的中生代鸟类化石，也是现今发现的具有角质喙的最古老的鸟，在鸟类进化研究中占有重要地位。生活于早白垩世，化石发现于中国辽西地区。

圣贤孔子鸟的雄鸟长有长长的羽状尾翼，尖尖的喙部，华丽丰满的羽毛，比始祖鸟更进步。前肢脚趾有大而弯曲的趾爪。孔子鸟是植食性动物，过着群居生活，实行一夫一妻制，雄性孔子鸟比雌性长得漂亮，尾翼也更长，雄鸟有保护幼鸟的行为。

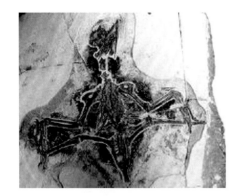

孙氏孔子鸟化石及生态复原图

孙氏孔子鸟（*Confuciusornis suniae*），与圣贤孔子鸟产于同一地点的同一模式种的原始鸟类，个体大小与其略同。生活于早白垩世，化石发现于中国辽西地区。

义县锦州鸟生态复原图

义县锦州鸟（*Jinzhouornis yixianensis*），属鸟纲。生活于早白垩世，1.25亿—1.21亿年前。化石发现于中国辽宁省。它很难与孔子鸟区分开来，二者至少是非常接近的近亲；而张吉营锦州鸟甚至可能是圣贤孔子鸟的次异名。

林氏星海鸟生态复原图（王旭日等研究并命名）

林氏星海鸟（*Xinghaiornis*），属鸟纲，尾综骨鸟类。生活的在1.25亿年前的早白垩世。化石发现于中国辽宁北票四合屯。体型较大，喙部较长，嘴里无牙齿，前肢明显长于后肢。其特征表明，林氏星海鸟既不是典型的反鸟类，也不是典型的今鸟类，很可能接近两大类群演化的分支点。

横道子长城鸟生态复原图（季强等研究并命名）

横道子长城鸟（*Changchengornis hengdaoziensis*），属古鸟亚纲孔子鸟目孔子鸟科。生活在早白垩世，化石发现于中国辽宁省北票地区。大小如乌鸦。无齿，有角质喙，类似圣贤孔子鸟。雄性长城鸟有两条丝带状长尾羽，它骨骼轻盈，飞羽发育，比圣贤孔子鸟更适宜飞行。杂食性，主要以丛林中的植物种子和昆虫为食。

会鸟化石及复原图

会鸟（*Sapeornis*），属鸟纲，生活于早白垩世。化石发现于中国辽宁西部。会鸟是早白垩世最大的鸟类。会鸟的翅膀不仅比始祖鸟的个体大很多，而且比孔子鸟大得多。这说明在早白垩世时期，鸟类不仅在形态、生活习性、系统发育方面出现很大分化，而且在个体的大小方面也出现了很大的差异。会鸟的翅膀上还保存了爪的构造，但它的尾巴已经十分缩短，这一特征已经和其他进步的鸟类非常相似。

🪐 11.3

反鸟亚纲
——古鸟

反鸟亚纲是已经灭绝的原始鸟类，也称初鸟类，是始祖鸟最先进化出的古鸟，主要生活在晚白垩世，数量和种类都最多。跟其他原始的鸟类一样，它们仍保留有牙齿和上肢的趾爪，初鸟类形态各异，大小不一。所有的反鸟类都在白垩纪末期生物大灭绝事件中灭绝。它们是中国热河生物群中代表性的鸟类，著名的有中国鸟、华夏鸟、长翼鸟等。

步氏始反鸟生态复原图（季强等研究并命名）

步氏始反鸟（*Eoenantiornis buhleri*），属反鸟亚纲始反鸟科，生活在早白垩世，化石发现于中国辽宁省凌源地区。体型中等，与大多数反鸟类一样，喙部有牙齿，头骨高，吻特别短，前颌骨齿明显大于上颌骨齿，脖子较长。树栖生活，可能以昆虫等无脊椎动物为食。

　　中国鸟具有某些恐龙特征，是一种介于始祖鸟与现生鸟类的过渡物种。在演化特征上，中国鸟比始祖鸟更为进化，在亲缘关系上，中国鸟比现代鸟更接近恐龙。形似现在的猛禽鹰和雕。中国鸟腿羽丰满，两翼宽大，翅膀末端有爪子，趾爪如钩，十分尖锐，嘴里布满尖锐的牙齿，常以小型动物为食。在树上做窝，孵卵，抚育雏鸟。

　　中国鸟化石的发现，曾引起世界古生物学家的高度关注与评价，称其为"革命性的发现"。1998 年和 1999 年，美国《发现》杂志都把这一发现评为全球 100 项重大科技新闻之一。

郑氏波罗赤鸟生态复原图

郑氏波罗赤鸟（*Boluochia zhengi*），属反鸟亚纲长翼鸟科。生活在早白垩世，化石发现于中国辽宁省朝阳地区。郑氏波罗赤鸟是小型鸟类，吻部前端向下弯曲，牙齿已经开始退化。脚趾爪尖锐而弯曲，与猛禽类相似，尾综骨很长。生活在树上，生性凶猛，擅长抓捕猎物。

朝阳长翼鸟生态复原图

长翼鸟（*Longipteryx*），属鸟纲反鸟亚纲长翼鸟目长翼鸟科。生活于白垩纪早期，1.45亿—1.25亿年前。化石发现于中国辽宁朝阳地区。长翼鸟化石的体长约15厘米。喙很长，比头部还要长，尖端有起钩的牙齿，双翼很长且强壮。它们仍保有两双较长及分开的手指，指上有爪，而拇指亦粗短，发育完好的飞行结构。它们的爪及趾都很长及强壮，但脚较短。长翼鸟犹如现今的翠鸟，可能吃鱼类、甲壳类或其他水生动物。

中国鸟化石及生态复原图
中国鸟（*Sinornis*），属鸟纲反鸟亚纲。原称三塔中国鸟，是一种古鸟。

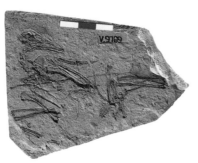

华夏鸟化石及生态复原图
华夏鸟（*Cathayornis*），属鸟纲反鸟亚纲，生活在晚白垩世。化石发现于中国辽宁朝阳地区。反鸟是中生代分布极广、数量很大的一类鸟，在白垩世末期与恐龙一起灭绝。

娇小辽西鸟化石

娇小辽西鸟生态复原图

辽西鸟（*Liaoxiornis*），属鸟纲反鸟亚纲。生活于早白垩世，化石发现于中国辽宁西部。

郑氏重明鸟生活复原图（史爱娟）

郑氏重明鸟（*Chongmingia zhengi*），是热河生物群一类新的基干鸟类，化石发现于辽宁大平房早白垩世
九佛堂组。 中国科学院古脊椎动物与古人类研究所王敏、周忠和与山东临沂大学王孝理和王岩联合，在
2016 年 1 月 26 日出版的《自然》子刊《科学报告》（*Scientific Reports*）报道了发现于热河生物群一类新
的基干鸟类化石。 重明鸟保存有胃石，推测其为植食性，揭示了在早期鸟类演化初期出现了大量的趋同
演化，其中的很多特征与飞行作用有关，表明在飞行演化初期，原始鸟类已经演化出不同的特征来适应
自然选择压力。 重明鸟的部分形态特征说明其飞行能力较差，如愈合的肩胛乌喙骨，粗壮的叉骨。 然而
有趣的是，重明鸟的小掌骨强烈弯曲，从而扩大了与大掌骨之间的掌骨间隙。

第六次生物大灭绝事件：
拉开了现生鸟类进化的序幕

6500 万年前，一颗直径约 10 千米的小行星碎片，质量约 20000 亿吨，以每秒约 19 千米的速度飞越大西洋，撞击在墨西哥湾尤卡坦半岛，引发了第六次生物大灭绝事件，撞击形成的陨石坑——希克苏鲁伯陨石坑，直径有 193 千米、深达 32 千米。

小行星形成一个炙热的火球，温度高达 1 万摄氏度，使得方圆近千千米内的生物灰飞烟灭。

撞击引发了地震和海啸，致使火山大量喷发，火山灰层厚几千米，遮天蔽日，温度急剧下降，时间长达数十年，藻类、森林死亡，食物链被摧毁，大批的动物因饥饿而死，约有 75% ~ 80% 的物种灭绝，导致陆地恐龙，水里的海龙类、楯齿龙类、蛇颈龙类、沧龙类等海生爬行动物和空中飞行的翼龙类灭绝。这就是地球历史上发生的最著名的第六次生物大灭绝事件，也称白垩纪末期生物大灭绝事件。

这次生物大灭绝事件之后，小型的陆生哺乳动物依靠残余的食物勉强为生，还有飞翔蓝天的鸟类，它们终于熬过了最艰难的时日，开始了大繁荣。鸟类从此统治了天空，成为当之无愧的天空霸主。

11.4
今鸟亚纲
——现代鸟

今鸟亚纲包括白垩纪的古鸟类和现存的全部鸟类，分布范围遍及全球。今鸟亚纲分为 4 个总目：齿颌总目、平胸总目、楔翼总目和突胸总目。其中现生鸟类有 10000 余种，包括了该亚纲的后 3 个总目。现生鸟一般嘴里无牙齿、无尾椎、上肢无趾爪。

简单来说，反鸟亚纲与今鸟亚纲有着共同的祖先，二者早白垩世在演化上就分家了。

二者最显著的区别就在肩带。今鸟类的肱骨关节面向上，而反鸟类由于肩胛骨突出关节头，鸟喙骨有关节窝，导致肱骨关节面向下。至于为什么自 6500 万年前白垩纪末期生物大灭绝事件起，反鸟亚纲都灭绝，而今鸟亚纲的鸟却蓬勃多样化发展，至今仍无定论。

凌河松岭鸟复原图
凌河松岭鸟（*Songlingornis linghensis*），属今鸟亚纲朝阳鸟目朝阳鸟科。生活于早白垩世，化石发现于中国辽宁省朝阳地区。小型鸟类，颌骨牙齿多，排列紧密；具有发达的龙骨突，后肢长，脚趾细长。生活在滨岸附近，以捕食鱼类为生。

鱼鸟复原图

鱼鸟（*Ichthyornis*），灭绝于白垩纪末期，是白垩纪晚期鱼鸟目的代表属，生活于白垩纪，化石发现于北美洲。身高 0.2 ～ 1 米，与现代燕鸥很相似。颌骨具向后倾斜的牙齿，胸骨龙骨突发达，翅强大，具较强的飞行能力。鱼鸟是现代具有龙骨突的鸟类进化史上的一个旁支。

马氏燕鸟复原图（周忠和等研究并命名）

马氏燕鸟（*Yanornis martini*），属今鸟亚纲燕鸟目燕鸟科。生活于早白垩世辽宁朝阳地区。体型比今鸟略大。牙齿较多，呈锥形，颈椎细长，飞行能力较长，以捕食鱼类为生。

小齿建昌鸟生态复原图

小齿建昌鸟（*Jianchangornis microdonta*），属今鸟亚纲。生活在早白垩世中国辽宁省建昌地区。它是较大的今鸟类，具有细小而尖锐的牙齿。以鱼类为食。

葛氏义县鸟复原图（周忠和等研究并命名）

葛氏义县鸟（*Yixianornis grabaui*），属今鸟亚纲义县鸟目义县鸟科。生活于早白垩世，化石发现于辽宁朝阳地区。体型中等，体长约 20 厘米，翼展约 40 厘米，牙齿短小，关节发育，具有 8 根尾羽，长度 9 厘米。生活在丛林中，具有很强的飞行能力。

长趾辽宁鸟生态复原图

长趾辽宁鸟，属今鸟亚纲。生活在早白垩世，化石发现于中国辽宁省北票地区。小型鸟类，体长 20 厘米，趾骨很长，趾爪长而弯曲，具较强的飞行能力，生活在树上。